做内心强大的自己

谢志强 编著

中国出版集团 现代出版社

图书在版编目（CIP）数据

做内心强大的自己 / 谢志强编著 . -- 北京：现代
出版社，2019.1
ISBN 978-7-5143-7239-7

Ⅰ . ①做…　Ⅱ . ①谢…　Ⅲ . ①心理学—通俗读物
Ⅳ . ① B84-49

中国版本图书馆 CIP 数据核字（2018）第 157117 号

做内心强大的自己

作　　者	谢志强
责任编辑	杨学庆
出版发行	现代出版社
通讯地址	北京市安定门外安华里 504 号
邮政编码	100011
电　　话	010-64267325　64245264（传真）
网　　址	www.1980xd.com
电子邮箱	xiandai@vip.sina.com
印　　刷	三河市燕春印务有限公司
开　　本	880mm×1230mm　1/32
印　　张	10
版　　次	2019 年 1 月第 1 版　2019 年 1 月第 1 次印刷
书　　号	ISBN 978-7-5143-7239-7
定　　价	39.80 元

前　言

在纷扰的尘世中，每个人都难以避免身陷其中。

如果一个人常常以外界对自己的评判来证明自己，别人说自己好，就欢喜雀跃；别人说自己不好，就黯然神伤，那么，这只能说明你这个人内心不够强大。

一个内心强大的人，是不会轻易被周围的环境左右的。

其实，每个人的一生都会经历无数的成功与挫折，在成功面前应能把持住自己，在挫折面前也要能够坚持住，不被环境所支配，不为他人的言行影响，这样的人生才能够过得潇洒从容，才不会步履蹒跚、疲惫不堪。

不要盲目和别人攀比，我们只需把握好自己拥有的。

不以物喜，不以己悲，世界的颜色取决于你看它时的心情。你的心是敞亮的，那么你周围的世界也是敞亮的；你的心是黑暗的，那么你周围的世界注定一片漆黑。

著名潜能激励大师安东尼·罗宾说："成功的秘诀，就在于懂得控制自己的内心，做到这一点，你就能掌控自己的人生！"

所以，从现在开始，激发人生正能量，做内心强大的自己，让人生的每一刻都是为自己而活，你就会过得比任何人都幸福。

　　不能改变现实，就改变自己。不能改变事物，就改变看事物的角度。从今天开始，调整自己的心态，做一个积极向上的人，有目标、有梦想，那么，成功就离你不远了。

　　相信自己能行，找到属于自己的幸福力，那么你就一定会幸福。

　　世界如此险恶，你要内心强大，只因世界上最宝贵的财富不在别处，就在陪伴我们一生的心灵之中。

目　录

第一章

做最好的自己：改变认知，改变人生

整个世界都在变，人也要跟着变，思想得变，观念得变。但不管这个世界怎么变，人怎么变，正面价值取向的思想观念永远是人们赖以生存的精神支柱。现在，有"洗脑""换脑"之说。心比脑对人的支配力、影响力更大。与"洗脑""换脑"相对应的，应有"洗心""换心"。每天早晚，我们都要洗脸洗脚，还要定期洗澡，有谁定期给自己"洗心"——把心灵上的阴影、烙印、错误的认知"地图"清除掉呢？对自身彻底的大清洗，不仅应当是身体的大清洗，还应当是心灵的大清洗。不让心智老去，才不会让心灵荒芜。当一个人重新找到自己的位置时，他的人生之路就会阳光明媚，晴空万里。

及时更新你的"心灵地图"

更新陈旧的"心灵地图"对于每一个人来说都至关重要。时代在变，社会在变，环境在变，人的思想观念也应该跟着变。举例来说，如果有人还在使用几年前的地图，恐怕已经找不到自己回家的路了。地理如此，时空如此，更何况人心呢？很多人，他们之所以感到困惑，感到挫折，甚至感到迷失了自我，就在于他们仍然使用着过去的"心灵地图"，仍然按照旧有的生活轨道前行，以这样的方式生活使人的精神无法得到超越，个人无法得到突破。

每一个人从童年的时候开始，经过长期的努力和思索形成了一幅认识世界的有效"航图"，形成了一幅表面上看来非常有用的"地图"。我们按这幅地图去寻找自己前进的道路，应对人生中的种种坎坷。如果这幅地图画得精细又准确，我们就能够顺利地到达目的地，我们的人生旅途便会一帆风顺，充满光明。如果这幅地图画得不对、不准确，我们就无法作出正确的决定：怎样让自己下的决定更明智？怎样让自己从困境中走出来？有时，我们的头脑会被一些假象蒙蔽，因为这幅地图是错误的、不明智的，我们将不可避免地迷失方向。我们不可能一辈子就带着这一幅"地图"，我们应该不断地描绘它、修改它，力求准确地反映客观现实。前人诗云："流水淘沙不暂停，前波未灭后波生。"我们必须花时间花精力去观察客观现实，这样画出来的"地图"才更加精确。然而，许多人过早地停止了描绘"地图"的工作，他们不再汲取新的信息，不再汲收新的思想，而自以为自己的"心灵地图"完美无缺。这些人的人生往往是不幸的，而且是可怜的，所以他们常常交织着复杂的心理。只有幸运的少数人能自觉地探索现实，不断扩展、冶炼、筛选他们对世界的理解，他们的内心世界也会丰富多彩。所以说，我们要不断地修改这幅反映现实世界的"心灵地图"，要不断地汲取世界的新信息。如果新信息表明，原有的"地图"已经过时，需要更改，这时就要不畏修改"地图"的艰难，勇敢地进行自我更新。许多有心理障碍的人，把在童年时期发展起来的、适合童年环境的对世界的认识，以及做出行为反应的一整套方式，很不恰当地照搬到成年后的生活中。心理分析家把这些将儿童期与父母等关键人物的情感体验转移到其他人身上的现象，称为"移情"。移情同时也是心理分析治疗的一种方法。

在某种程度上，心理分析治疗是让病人重新体验过去的生活。童年的情感和冲突从无意识的深处浮现出来，实际上是出现了情感的回归。病人一旦意识到他们的心理障碍源于童年的情感记忆、幻想和本能欲望，意识到他们使用了过去的"心灵地图"，就能够提升自己的思想认识，走向丰富而又充实的人生。不幸的是，很多心理障碍患者并不认为他们使用的是过时的"心灵地图"，甚至维护这种过时的"地图"，拒绝对它进行修改。从别人的角度来看，他们生活在过去，甚至生活在童年的幻想或者阴影之中，这正是他们感到迷惑和痛苦的根源。通常人们说到移情时，就仅指患者把童年对重要人物的情感移置于心理治疗者身上。实际上，移情问题不只是心理治疗者同他的病人之间的问题，也是父母与孩子、丈夫与妻子、上司与下属、朋友与朋友之间的问题。

我们每个人都有自己的童年生活，童年发展起来并在其后不断的认知中描绘自己的"心灵地图"，一旦不能疏通心理障碍，解读心理再适合如今的现实生活，就会产生移情现象，这时就需要重新描绘自己的"心灵地图"。许多心理有障碍的人常常抓住"旧图"不放，拼命抵抗修改"心灵地图"的过程，对于现实的观念和信息置之不理，企图要求客观世界的变化发展适合他们的旧图。因为他们害怕修改"心灵地图"的痛苦，竭力逃避现实，生活于旧有的版图模式之中，结果由于不能适应社会的现实而更加烦躁和不安。所以，我们在生活中思想不能迂腐和呆板，许多已经陈旧的东西，要及时更改和替换，如果每个人的"心灵地图"都是全新而又精确的，那么他们的人生之路就会阳光明媚，晴空万里。

挣开心境上的束缚

生命并不是一条直线，而是像树一样，我们之中大部分人必须进行移植后方能开花。

在我们成长的环境当中，你是否也感到有很多肉眼看不见的链条系着我们呢？而我们也自然而然地将这些链条当成习惯，把它们视为平常的事。就这样，我们的精神被这些链条束缚着，独特的创意就这样被抹杀，认为自己无法成为心目中理想的人，然后，开始向环境低头，甚至开始认命、怨天尤人。这一切都是我们心中那条系住自我的铁链在作祟。或许，你必须耐心静候生命中来一场大火，逼得你非得作出选择挣断链条或甘心被大火席卷。或许，你幸运地选择了前者，在突破困境之后，语重心长地告诫后人，说道人必须经苦难磨炼方能得以成长。除了这些人们习以为常的方式之外，你还有一种不同的选择。你可以当机立断，运用我们内在的能力，当下作出决定挣开消极习惯的捆绑，改变自己所处的环境，投入一个崭新的积极领域中，使自己的生活得以改变。

你是愿意静待生命中的大火，甚至甘心遭它席卷而低头认命呢，还是即刻在心境上挣开环境的束缚，获得追求成功的自由呢？在这两者之间作出选择其实很容易，最怕的是我们没有勇气去打破已有的格局。这些链条无非都成为了人们精神上的枷锁，心理学家经过分析以后，归纳出精神上的枷锁主要有以下几种：

（1）"注定会失败"的枷锁。一旦人们失败，就会将自己初始的动机统统扼杀。他们不断重复着说："早知如此，何必当初！"因此就把自己看得非常渺小，无法真正透彻地认清自己。要知道，世上是没有后悔药的。为了摆脱"注定会失败"的枷锁，你需要改变思想，换"脑筋"，思想本身就会左右事情的发展。你不妨跟自己闲谈，保持积极的态度。切莫在不经意中将自己的创新意识抛弃，事实上，它是你最珍贵的东西。想着"我将要成功"而不是"会失败"；"我是一位胜利者"而非"一位失败者"；寻找助你成功的有效方法，你就会发现你能左右自己的心情，同样也能够左右自己的行动。

（2）"别人会怎样想"的枷锁。面对失败和困境，"别人将会有什么看法呢？"这的确是一种最普遍而且最具自我毁灭性的心理状态。这种以"别人"为念的想法是一种强而有力的枷锁，它会破坏你的创造力和人格，而且会把你原有的能力都耗尽，使你停滞不前。为摆脱这种"别人"式的枷锁，你不妨想一想，"别人"并不是"先知先觉"，他们往往是"事后诸葛亮"。你应该记住：走自己的路，让别人说去吧！

（3）"过去的错误"的枷锁。很多人都害怕再次尝试，因为他们曾经失败过很多次，而且受创很深，正所谓"一朝被蛇咬，十年怕井绳"。可是，对每一位有志之士来说，他都必须对过去所犯的错误保持正确的哲学观，从而得以突破，再创佳绩。如果你能将自己的失败看成非常有价值的教育投资的话，那真是无损失可言了。

所以，你完全不必把"过去的错误"看得太重。其实那根本不能算作失败，只能算是受教育，它能教会你许多事情，使你更加成熟。不管哪一种，这些枷锁都会加重你的心理负担，使你步履艰难甚至感到压力重重。只有把它们卸下来，才能一身轻松地去奋斗，甩开步子向着你的目标勇往直前。

（4）"已为时太晚"的枷锁。很多失败者认为自己再想重新开始已经太晚了，局势已无法挽回，无法再创业了，所以对未来完全妥协，尽量逆来顺受地熬日子。这种"已为时太晚"的枷锁，锁住了形形色色的人物：一名 26 岁的青年做生意亏了本就认为自己无法东山再起；一名 42 岁的寡妇就自认为太老无法再婚；一位 10 年前没有扩大投资的厂长要想重新开始投资就认为时过境迁。为了挣脱这种"已为时太晚"的枷锁，你要多观察那群在社会生活中的活跃人物，而不去理会"年龄的限制"，并且下定决心，不断奋斗，成功与年龄无关，重新开始永远为时不晚。

知道了这些枷锁，你就可以知道：你的头脑到底被什么所限制、是什么使你没有勇气去改变自己的生活。

莫靠怀念过去来逃避现实

从主观方面来看，怀旧实质上是一种对现实生活的躲避和遁逃，怀旧是一种特殊的机制。它使我们把不想回忆的痛苦和压抑隐藏了、忘却了，以致我们永远不会再想起。而另外，它又把我们过去生活中美好的东西大大强化了、美化了，以致人们在几次类似的回忆后把自己营造的回忆当作真实。怀旧起源于个人的失落感，失落导致回首，以寻找昔日的安宁与情调。

一个人适当怀旧是正常的，也是必要的，但是因为怀旧而否认现在和将来，就会陷入病态。过多的怀旧和进取人生是背道而驰的，逃避也不利于开拓智慧人生之路。而且对于一般人来说，怀旧的对象往往是一个人的弱点和缺陷，是容易被人利用的"死穴"。古代的攻心术曾把怀旧对象作为一个很重要的突破点。在 EQ 研究中，怀旧是为了达到内心的平和、宁静、诗意，是人性化的表现，但如果因为怀旧阻碍了自身的发展，或对外界造成了不必要的麻烦，就必须进行调适。

靠怀念过去来逃避现实，的确是一种无益的习惯，其结果往往是使人逃避成熟的思考，而进入一种虚无缥缈的幻想境界。

一个春天的上午，在伦敦的一家中式餐厅里，罗伯特在等待着，他感到很消沉。由于他的工作不顺利，使他没有完成一项重要的项目。即使在等待见他最要好的朋友时，也看不出他有快乐的表情。

他的朋友终于走过来了，他是一名了不起的精神科医生。医生的诊所就在附近，罗伯特知道那天他刚刚和最后一名病人谈完了话。

"怎么了，年轻人，"医生不加寒暄就说，"什么事让你不痛快？"对他这种洞察心事的本领，罗伯特早就不意外了，因此他就直截了当地说了。然后，医生说："来吧，到我的诊所去，我要看看你的反应。"

医生从一个硬纸盒里拿出一卷录音带，塞进了录音机里。"在这卷录音带中，"他说，"一共存有 3 个来看我的人所说的话。当然没有必要说出他们的名字。我要你注意听他们说的话，看看你能不能挑出支配这 3 个案例的共同因素，只有 4 个字。"他微笑了一下。

在罗伯特听来，录音带中这 3 个声音共有的特点是不快活。第一个是女人的声音，说她因为照顾寡母的责任感，以致一直没能结婚，她心酸地述说她错过了很多结婚的机会。第二个是男人的声音，他遭到了某种生意上的损失或失败。第三个是一位母亲，因为她十几岁的儿子和警察有了冲突，所以她一直处于自责之中。

在这 3 个声音中，罗伯特听到他们一共 6 次用到 4 个字："如果，只要"。

"你一定大感惊奇，"医生说，"你知道我坐在这把椅子上，听到成千上万用这几个字做开头的内疚的话。他们不停地说，直到我要他们停下来。有的时候我会让他们听你刚才听的录音带，我对他们说：'如果，只要你不再如果、只要，我们或许就能把问题解决掉！'"医生伸了伸他的腿。"用'如果，只要'这4个字的问题"，他接着说，"是因为这几个字不能改变既成的事实，却使我们面朝错误的方向，并且只是浪费时间。最后，如果你用这几个字成了习惯，那这几个字就很可能变成阻碍你成功的真正障碍，成为你不再去努力的借口。"

"现在就拿你自己的例子来说吧。你的计划没有成功，为什么？因为你犯了一些错误。"

"你怎么知道？"罗伯特带着一点儿辩护的语气说。

"因为，"医生说，"你没有脱离过去式，你没有一句话提到未来。从某些方面来说，你非常诚实，内心里还以此为乐。我们每个人都有一点儿不太好的毛病，喜欢一再讨论过去的错误。因为不论怎么说，在叙述过去的灾难或挫折的时候，你还是主要角色，你还是整个事情的中心人……"

医生告诉罗伯特，他患上了严重的"怀旧病"，而采用"如果，只要"这类字眼是"怀旧"病的重要特征。

事实上，当你不厌其烦地重复述说往事，述说着过去如何如何时，你可能忽略了今天正在经历的体验。把过多的时间放在追忆上，会或多或少地影响你的正常生活。

每个人都应当谨记：昨天就像使用过的支票，明天则像还没有发行的债券，只有今天是现金，可以马上使用。今天是我们轻易就可以拥有的财富，无度挥霍的错过，是对生命的浪费。我们需要做的，是尽情地享受现在。过去的再美好抑或再悲伤，那毕竟已经因为岁月的流逝而沉淀。如果你总是因为昨天错过今天，那么在不远的将来，你又会回忆着今天的错过。在这样的恶性循环中，你永远是一个迟到的人。

我们不能抛弃回忆，可是我们也不能做回忆的奴隶。在心灵的一个角落里，会珍藏着我们走过的路上的种种喜怒哀乐、酸甜苦辣。但是我们要把更广阔的心灵空间，留给现在，留给今天。

做一个"对新好理念感到饥渴的人"，观念决定行动，思路决定出路，所以，如果你想要获得好的结果，就必须严格控制你的思想，必须严格控制进入你头脑的东西，你必须使自己的头脑充满积极的、健康的、催人奋进的、鼓舞人心的东西。事实上，假如你要改变自己，改变生活，就要做一个"对新好理念感到饥渴的人"，无论这些新好理念在何处，你都可以毫不羞怯地吸纳并适应。发现切合你自己的新好理念，因为世界上没有一个单一理念可以放诸四海而皆准。

你的大脑如同一台电脑，你给它输入什么样的程序，它就会输出什么样的信息。没有意识做先导，人就不可能有具体的行为。控制思想，就要明白自己想要什么，不能要什么，这是认识问题。然后再弄清楚，怎样拒绝不能做的事，强制自己专注该做的事，这是方法的问题。最后再掂量一下，自己做了会如何，不做又会如何，这是建立毅力的前提，是由控制思想向控制行为的过渡。

在时代变迁的过程中，我们的思想认识必须要上升一个层次，事实上，我们的内心世界也在环境中不断变更和转换，精神上的自觉来自人们丰富的内心世界，一个不断吸取新好理念的人，其精神中就会注入新鲜的营养元素，这样人的精神面貌才会焕然一新，时刻散发着活力。

有一则关于苏俄著名哲学家及神秘学家欧斯本斯基的故事。为了研究意识的性质，欧斯本斯基服下某种药物。在这种药物的强烈影响之下，他突然明白了，他已经发现了生存的秘诀，这个简单的秘诀已经在他的潜意识中潜伏了一辈子，现在终于被药物发掘了出来。他急忙拿起一支铅笔，把这个奇妙的成功公式记了下来，然后再次陷入沉睡之中。等到他一觉醒来，完全恢复了神智，他立即去检查那张纸。那张纸上写着："思考……新的领域。"

事实上，每一个人都可以做到这一点：在新的领域内进行思考、感觉与行动。检讨自己以前的观念和想法，不要满足于现有的事实，扩大你的思考范围和观念界限。换句话说，就是改变你的思想观念。

还有，我们所有的行动与情绪和我们的思想都是一致的。你认为你是怎样的人，就会采取怎样的行动。认为自己是"失败者"的人，将会走上失败之路，不管如何努力想要获得成功，甚至遇到许多大好机会，也一定会失败。因为认为自己"运气不佳"的人，总是会设法证明自己的确是"坏运气"的受害者。

思想是我们整个个性的基石。所以，我们要时刻对外部世界保持开放的心态，以让新好理念来洗刷我们的大脑，进而支配我们的行动。如果我们不能够这样做，我们将会失去信息资源和美好机遇。

比起锁链和监狱，思想更能够限制人，所以，解放思想才能够真正解放人。要大胆，不要束缚自己的手脚，我们每一个人都可以放开思想去追求新好理念，成功和幸运的人一般都是大胆的人。幸运可能会使人产生勇气，反过来勇气也会帮助你得到好运。事实上只要你放开思想，总会有强大的力量来帮助你。新好理念就是一种强大的力量。它可以挖掘出我们自身所具有的潜力：精力、技能、判断力、创造力，以及由此而散发出的个人魅力，使得你能够通过这种魅力吸引和凝聚你意料之外的资源。

心，可以超越困难；心，可以突破阻挠；心，可以粉碎障碍；心，终会达成你的期望。所谓新好理念，其实只是心与脑的结合所产生的巨大力量，这种力量就是人们生活中的罗盘。

一个人的生活罗盘经常失灵，日复一日，有多少人在迷宫般的、无法预测也乏人指引的茫茫人生之路中失去了方向？他们不断触礁，可是别人却技高一筹地继续航行，安然赢得每天的挑战，平安抵达成功的彼岸。为了维持正确的航线，为了不被沿路上意想不到的障碍和陷阱困住或吞噬，你需要一个可靠的内部导引系统。这种内部导引系统就是一个人的思想核心，就是用新好理念组装起来的一个有用的罗盘，为你在人生之路中指引出一条通往成功的康庄大道。可悲的是，太多人未能抵达终点，因为他们借助失灵的罗盘来航行。这坏掉的罗盘可能是扭曲的真理，或蒙蔽的价值观，或自私自利的意图，或是未能设定目标，或是无法分辨轻重缓急，简直不胜枚举。聪明人利用这个罗盘，可以获得恒久的成功；有智能的卓越人士，吸取新好的观念，选择可靠的路线，坚定地向前行进，可以渡过周围的危险，安抵终点。

主动打破生命的格局

每个人的命运都掌握在自己手中。但如果不打开你的心灵之门，就无法改变既定的局面。

有个钓者在岸边岩石上垂钓，有几名游客在欣赏海景之余，亦围观钓上岸的鱼。

只见钓者竿子一扬，钓上了一条大鱼，有三尺来长，落在岸上后，那条鱼仍腾跳不已。钓者冷静地用脚踩着大鱼，解下鱼嘴内的鱼钩，顺手将鱼丢回海中。

围观的众人连连发出惊呼，这么大的鱼还不能令他满意，足见钓者的野心之大。就在众人屏息以待之际，钓者鱼竿又是一扬，这次钓上的是一条两尺来长的鱼，钓者仍是不多看一眼，解下鱼钩，便将这条鱼放回海里。

第三次，钓者的鱼竿再次扬起，只见钓线末端钩着一条不到一尺长的小鱼。

围观众人以为这条鱼也将和前两条大鱼一样，被放回大海，却不料钓者将鱼解下后，小心地放进自己的鱼篓中。游客中有人百思不得其解，就问钓者为何舍大鱼而留小鱼。钓者回答："哦，那是因为我家里最大的盘子，只有一尺长，太大的鱼钓回去，盘子也装不下……"

宁可取不到一尺的小鱼而舍三尺长的大鱼，这是令人难以理解的取舍标准，而钓者的唯一理由，竟是因为家中的盘子太小，盛不下大鱼。

在我们的生活经历中，很多人都经历过类似的事情。比如，因为自己平凡的背景，而不敢去梦想伟大的成就；因为自己学历的不足，而不敢立下宏伟大志；因为自己的无知，而不愿打开心扉，去追求美好的生活……可是如果你不主动打破生命的格局，你就无法改变你的人生。

开放的心态，才有助于把握机会。开放的心态涉及两个方面，一是对外部世界的开放；二是对内心世界的开放，也就是反思式开放。这两者的结合是组建生命力的关键，当人的生命力旺盛时，就可以获得高峰体验和人生享受。

一栋房子如果没有窗户，温暖的太阳就无法照进来，新鲜的空气也不能飘进来。人也是一样，"心窗"没有打开的时候，就会感到气闷，心理模糊；"心窗"打开了，心才能够通达，心灵的视觉才更清晰。

慧文很小的时候就发现了自己对科学的热爱，念书时，每到自然课她就如鱼得水。后来她继续升学，直到大学化学系毕业。她的第一份工作也和实验工作有关，这是让她最有归属感，也最能实现理想的领域。

慧文不仅完成了老板交付的所有工作，还主动加倍做事，她一大早就去上班，晚上也要加班到很晚，就连周末都跑到实验室加班。

在这个职位做了几年以后，慧文变得不安起来。因为这个职位的挑战性，并未随着她知识的成长而拓展。由于无法找到适合她的挑战，慧文决定回到学校深造。在研究所攻读的慧文学到了一种新的技术，这门新兴的科学令她非常着迷，她写的硕士论文便以此为题。

她发表的论文让她声名大噪，一毕业就接到好几家大型公司所提供的十分吸引人的工作机会和待遇。她接受了一家公司的邀约，因为他们让她有机会应用所学，继续进行商业性的研究。慧文很满意这个职位，表现优异且绩效卓著，她的工作为雇主带来极高的经济效益和技术突破。为了奖励她卓越的成就，高层决定将慧文升为实验部门的主管，这是一个收入丰厚、位高权重、责任重大的职位。

慧文在新的角色中负责管理其他研究人员的工作，这是她第一次担负管理工作，包括准备工作日志、指导绩效评估、处理监督事宜、企划等。她花在实验室的时间减少了，留在办公室处理公文、打电话、与人互动的机会却增多了，另外还有冗长的会议，慧文最讨厌的就是开会。她开始怀念起过去的日子，觉得那时是那么的富有活力又充满了挑战，金钱和名望已不足以弥补这个遗憾。

这个世界每天都有很多困惑不安的人，鱼贯进出心理治疗师的诊疗室，因为他们拒绝接受人生的定律，以开放的心态去容纳万物。

我们太庸人自扰，因为我们拒绝用开放的心态接受一个简单的事实：世事不能尽如人意。我们日复一日作茧自缚、陷入苦恼，因为追求一个愿望，却造成另一个愿望无法达成，还拒绝调整自己接受这个事实。

在人生之路上，我们要以旺盛的生命力来保持斗志，然而，我们更要以开放的心态来接受事实，挑战自我。

生活就是不断地重新再来

　　归零的心态意味着重新开始。人们发现，第一次成功相对比较容易，第二次却不容易了，原因是不能归零。中国有一句古话，叫"风水轮流转"，用经济学的术语讲叫"资产重组"。某部电视剧有句道白：生活就是不断地重新再来。不归零就不能进入新的资产重组，就不会持续性发展。比如说一个人以前可能有过很高的地位，可能拥有很多的财富，具有渊博的知识，但是你要是想进入一个全新的领域，就一定要有归零的心态，因为只有心态归零你才能快速成长，才能学到这个行业的技巧与方法。如果你要喝一杯咖啡，就必须把杯子里的茶先倒掉，否则把咖啡加进去之后，就茶也不是，咖啡也不是，成了四不像了。归零的心态就是一切从头再来，就像大海一样把自己放在最低点，来容纳百川。

　　事实上，人在一生中要不止一次地将杯子倒空，因为你每次学习吸收的新东西，很快地又会将你心中的杯子装满。所以你必须拥有属于自己的智慧贮水库，时时不忘记将杯内的水倒入水库中，使杯子永葆中空，随时可承接新的事物。在事业的开展上保持归零的心态，在人际的沟通、夫妻的相处、子女的教育等方面，皆应如此。

　　或者许多人看过这样一则故事，说的是一个老禅师让小沙弥一凡用筐去装满一筐东西回寺庙。过了一会儿一凡回来了，筐里装满了大鹅卵石，老禅师问："满了吗？"一凡奇怪了，明明已经装满了呀！但他不敢说话，于是背着满满的一筐石头出去了；不大一会儿，一凡又回到了寺庙，筐里大的空隙填满了小鹅卵石，老禅师对他说："满啦？""满了！"一凡答道。老禅师说："再去！"如此三番，一凡后来又在小缝隙里装了沙子，又往里面注入了一茶壶水才算交了这份答卷。这让人们受到了很大的启发：当自己心中已填满了东西，哪里还有空间来容纳其他物事呢？

的确，经验教给了人们许多东西，只是这需要花费太多的成本。我们不去探询你过去做过什么，拥有什么，有何成败，只在乎如今的你是否有空杯心态来海纳百川。

人从幼年时的单纯向往、少年时的懵懂幻想、青年时的激昂奋进、中年时的淡定从容，无不就如何达到自身期待的境界而不断地思索、进取。在这曲折磕碰的道路中，沿途有着别致的幽香、缤纷的美景令人留恋，不舍离去，但若是长久驻足，只怕时间匆促的脚步带走易逝的年华；而霜染鬓角的时候却发现手心空荡。或者前进时碰到噬人的沼泽，历经艰险走过，却始终让自己的心沉浸在可怕的梦魇中而不能欣赏蛰雷后那绚丽的景致。

我们没有能力挽留过去的岁月，过去已成为历史，展望未来，未来却又是一个未知数。你不妨将心态归零，不让过往的阴云或者荣耀牵掣今日的脚步。人的心好比是可盛水的玻璃瓶，盛满清水后仿佛满了，但这不是最终所能达到的形态。其实，能够溶解在其中的物质还有很多。这些物质就有如我们需要吸收的新的、有益的知识。当我们以"归零心态"去面对这个变化越来越快的世界时，我们就会抱着一种学习的态度去适应新环境，接受新挑战，创造新成果。为了生存、发展，需要让自己时时处于"归零"的状态（空杯心态），去溶解更多的"物质"。归零心态不是简单的忘记，而是让自己以平和的心态去接纳更多的声音、谏言。

　　我们还倡导以归零的心态做事。以归零的心态做事，就是要求我们每一个人在各自的岗位上做好本职工作，练好基本功。俗话说：磨刀不误砍柴工。"磨刀"就是练习基本功，是一种心态归零的过程。以归零的心态做事，就是要求每个人把自己远大的人生目标建立在神圣的三尺柜台之上，做一行，爱一行，精一行。可以这样说，一个人经营好了自己的三尺柜台，就经营好了自己的人生。以归零的心态做事，就是要有一股创业精神，要有一种艰苦奋斗的心理准备。"吃得苦中苦，方为人上人"是良训，吃饭是为了生活，但生活不仅仅是为了吃饭！

良好的冒险是通往成功的捷径

事实上就是这样，如果你能找到一种方法，使自己每天都在冒险（这种冒险可以是你决定改变以前没做过的一件小事而已），你会发现你的生活变得更有成就感，更有意义。你也会对其他东西更有兴趣，从而使人生更加丰富多彩。总之，冒险、尝试、探索都是为了让你的人生更加丰富和饱满。

有位哲人说："宁可让鲨鱼吃掉，还落得个勇敢的称号，比起像粪土一般让蛆虫吃掉要有价值得多。"风险与机遇永远是同在的。风险的背后通常暗藏着机遇，机遇中也总是充满了风险。冒险便能够抓住机遇，获得成功。可是冒险不是瞎闯蛮干，我们要把"胆"和"识"结合起来，才会成功。只有"胆"，没有"识"，就是莽夫；只有"识"，没有"胆"，那便是懦夫了！

一个成功者的一生，必定是一个与风险拼搏的一生，除非不干事业，干事业则必有风险。

从创新的角度看，你的工作风险较大；从竞争的角度看，你的工作反而风险较小，因为无人与你竞争。廉·丹佛说："冒险意味着充分地生活。一旦你明白它将带给你多么大的幸福和快乐，你就会愿意开始这次旅行。"

哈代是爱迪生的一位朋友。在爱迪生发明了电影以后，哈代也从电影胶片的片盘中得到了启发，他产生了一个新的念头，那就是让胶片上的画面一次只向前移动一幅，以便教师有充足的时间详细阐述画面所反映的内容。他决定放弃稳定的工作，去研究这一想法。后来，哈代又成功地实现了让画面与声音同步进行的目标，从而创造了真正的视听训练法。

那么，哈代是不是非得去冒险呢？他本可以继承父亲在芝加哥的报业，本可以拥有一份稳定而又保险的记者工作，但他没有。有人认为他非常愚蠢，因为他放弃了有把握的东西。当人们被无声电影的神奇所吸引时，当朋友们告诉他不愿意再坐下来看那些一次只能移动一幅的图画时，他并没有惧怕失败，而是回答说："我仍然要去冒这个险。"

今天，哈代已经被公认为"视听训练法之父"。正是敢于去冒那种考验信念的风险，他才发明了许多有效的训练方法，从而使许多来自企业、公益组织、社会团体或军队的人士得到了好处。

除此以外，哈代在另一领域的冒险精神也很值得一提。在他的一生中，他不仅在陆上卓有成效，而且在水中也成就斐然。他曾经两度入选美国奥运会游泳队（时隔20年之久），连续三届获得"密西西比河10英里游泳马拉松赛"的冠军。他几乎每天坚持游泳，或是在陆上的湖泊，或是在大海。取胜的信念已经深入他的内心，他对提高速度简直着了迷。

哈代决心在游泳方面做出改革，然而当他把想法告诉游泳冠军约翰·魏斯姆勒时，却遭到了嘲笑。后者认为在水里冒险简直太危险了，何况澳式爬泳早已确立、定型，不需要做任何改动。另一位游泳冠军杜克·卡汉拉莫库也告诫他不要去冒险，否则可能被淹死。但哈代却对他的游泳同行说："我就要冒这个险去试一试。"

哈代再次鼓起勇气，决定去冒考验他信念的风险。他在长期以来一直固定不变的爬泳姿势上做了大胆的改进，使之更加自由和灵活：游泳时头朝下，吸气时把脸转向一侧，当脸回到水下时再呼气。这样，划水一周所需的时间缩短了，游泳速度也就提高了，而哈代本人也并没有被淹死。他挑战传统爬泳的标准姿势，从而发明了自由泳，这种游泳方式一直延续到今天。

哈代被誉为"现代游泳之父"和"视听训练之父"。那么，他又冒了什么样的挑战体能勇气的风险呢？这也碰巧和水有关。有一次，哈代邀请一群军界的重要人物乘坐他的游艇，在切萨皮克湾观光巡游，一是为了招待他们，二是为了确认一些防务训练合同。不巧这时突然出现了巨大的风暴，水面上波涛汹涌，游艇翻来覆去。一些陆军、海军军官忍不住发晕呕吐起来，据说当时就连操舵员也在船舷边摇摇欲坠。

哈代当然知道狂涛巨浪的厉害，但他天生是一个不怕水的人。他勇敢地冲上去抓住舵盘，与风暴展开了搏斗。他的一位朋友喘着粗气，阻止他说："太危险了！你别去！"哈代只是笑了笑说："我要试一试。"后来，在他的努力下，游艇终于安全地返回了港口。这听起来似乎是一个传奇故事，但哈代的确是一位传奇人物。

茫茫世界风云变幻，漫漫人生沉浮不定，而未来的风景却隐在迷雾中，向那里进发，有坎坷的山路，也有阴晦的沼泽，深一脚浅一脚，虽然有危险，但良好冒险却是在有限的人生道路上通往成功与幸福的捷径。

第二章

鲲鹏展翅自兹始：知识改变人生

知识既是构建素质大厦的基石，又是其重要组成部分。没有知识支撑的素质必定是没有底气的素质。知识主宰经济的局面已经形成，你将如何面对？

知识这种东西，无论你学会了多少，它都将在你脑中积累，成为你自己的东西，永远也不会消失。

成大事须从学习开始

　　积累知识能力的提高对你的成功之路有莫大的影响，没有见过见识短浅的人能成大事的。在这个"知识经济"时代，我们必须注重自己的学习能力，必须能够勤于学习，善于学习，并且终身学习，才能在竞争激烈的社会中立于不败之地。

　　让我们来看看成大事者是怎样学习的，并从中得到了什么。

　　成大事者，往往有渊博的学识，独特的见解，优雅的谈吐……而这些无不是通过学习而来的，因此我们说，成大事，需要从学习开始。下面让我们看看曾国藩是怎样学习的。

　　曾国藩出生在一个耕读之家，他的父亲竹亭老人曾经长期苦学，但却为科举考试所困，43岁时才补为县学生员。曾国藩的祖父星冈公没有读过多少书，但壮年悔过，因此对竹亭老人督责很严，往往在大庭广众之下，就大声地呵斥儿子。至于竹亭老人，既然他的才能得不到施展，就发愤教育儿子们。曾国藩曾经在信中提到过这样的事："先父……平生苦学，他教授学生，有二十多年。国藩愚笨，从八岁起跟父亲在家中私塾学习，早晚讲授，十分精心，不懂就再讲一遍，还不行就继续讲讲。有时带我在路上，有时把我从床上唤起，反复问我平常不懂之处，一定要我搞通为止。他对待其他的学童也是这样，后来他教我的弟弟们也是如此。他曾经说'我本来就很愚钝，教育你们当中愚笨的，也不觉得麻烦、艰难'。"

就是在这样的环境中，曾国藩受到了良好的家庭教育，曾国藩9岁时就已读完了"五经"，15岁时，受教读《周礼》《礼仪》，直到能够背诵。还读了《史记》和《文选》，这些恐怕就是曾国藩一生的学问基础。曾国藩在14岁时因一首诗而得了一门亲事。他之所以少年时能早早显达，推究其根源，实在是靠家学的传授。

对曾国藩来说，美服可以没有，佳肴可以没有，华宅乃至女人也可以没有，但是不能没有书，不能不读书，读书成了他生命中最重要的部分。

曾国藩从小就特别喜爱读书，1836年的那次会试落榜后，他自知功力欠深，便立即收拾行装，怅然回归，搭乘运河的粮船南归。虽然会试落榜，但却使这个生长在深山的"寒门"士子大开眼界，他决定利用这次回家的机会，来一次江南游，实现"行万里路，读万卷书"的宏愿。这时曾国藩身上的盘缠已经所剩无几。路过睢宁时，遇到了睢宁知县易作梅。易作梅也是湖南人，与曾国藩家是世交，也认得曾国藩。他乡遇故人，易知县自然要留这位老乡在他所任的县上玩上几天。在交谈中得知这位湘乡举人会试未中，但从其家教以及曾国藩的言谈举止中，便知这位老乡是个非凡之人，前程自然无量。他知曾国藩留京一年多，所带银两肯定所剩无几，有心帮助曾国藩。于是当曾国藩开口向易作梅知县借钱做路费时，易作梅立刻借给了他一百两银子，在临别时还给了他几两散银。经过金陵时，他见金陵书肆十分发达，流连忘返，十分喜爱这块地方。在书肆中曾国藩看见了一部精刻的《二十三史》，更是爱不忍释，自己太需要这么一部史书了。一问价格，曾国藩大吃一惊，恰好与他身上所有的钱相当。他下定决心，一定要把这部史书买下来，而那书商似乎猜透了这位年轻人的心理，一点儿价都不肯让，一百两银子一钱也不能少。曾国藩心中暗自盘算：好在金陵到湘乡全是水路，船票既已交钱定好，沿途就不再游玩了，省吃俭用，所费也很有限。自己随身所带的冬季衣物在这初夏季节也用不着，不如拿去当了换点儿盘缠。

于是曾国藩把一时不穿的衣物，全部送进了当铺，毅然把那部心爱的《二十三史》买了回来，此时，他如获至宝，心理上得到了极大的满足。他平生第一次花这么多钱购置的财物就是书籍。此一举动，足见曾国藩青年时代志趣的高雅。在曾国藩的一生中，他不爱钱，不聚财，但却爱书，爱聚书。

家中的老父得知他用一百两银子换回一大堆书的消息后，不怒反喜："尔借钱买书，吾不惜为汝弥缝（还债），但能悉心读之，斯不负耳。"父亲的话对曾国藩起了很大作用，从此他闭门不出，发愤读书，并立下誓言："嗣后每日点十页，间断就是不孝。"

曾国藩发愤攻读一年，这部《二十三史》全部阅读完毕，此后便形成了每天读史书十页的习惯，一生从未间断，一部《二十三史》烂熟于胸。

曾国藩不仅书读得多，而且读得极深，他是这样看待"专"字的："凡事皆贵专。求师不专，则受益不久；求友不专，则博爱而不亲；心有所专宗，而博览他途，以扩其识，亦无不可。无所专宗，则见异思迁，此眩彼寺，则大不可。一句不通，不看下句；今日不通，明日再读；今年不精，明年再读。"

治学贵专，不专则广览而不精，博阅而不深，只能得其皮毛而失其本质，知其形而忽其实，懂其表而不识其内涵。专一是治学的标尺，越专则标度越深。比如数学，仅仅知道公式，而不加以运用，只要题目稍加变化，便会丈二和尚摸不着头脑，束手无策。

他还善做札记。曾国藩说："大抵有一种学问，即有一种分类之法；有一人嗜之者，即有一人摘抄之法。"做好札记的笔、纸要准备好，读书不动笔，等于白读；读书不作记，读也白读。

曾国藩读书还讲究一个"恒"字，读书是他坚持了一辈子的事情，日日读书，日日写作，真正是活到老学到老，勤奋不息。

在翰林院，曾国藩已经是一个做了高官的人，许多人到了他这样的地位，早已觉得功成名就，可以放下书本了。可是他却把自己的书房命名为"求阙斋"，而且还非常认真地制订了一份详细的读书计划。

"读熟读书十页，看应看书十页，习字一百，数息百八，记过隙影（即日记），记茶余偶谈一则，右每日课，逢三日写回信，逢八日作诗，古文一艺，右月课；熟读书：《易经》《诗经》《史记》《明史》《屈子》《庄子》《杜诗》《韩文》。应看书不具载。"（以上见道光二十四年三月初十日，曾国藩《家书》卷二）

另外，他还为自己制定了十二条读书规矩：

1. 主敬：整齐严肃，无时不慎。无事时心在腔子里；应事时，专一不杂，如日之升；

2. 静坐：每日不拘何时，静坐半时，体验静极生阳来复之仁心，正位凝命，如卵鼎之镇；

3. 早起：黎明即起，醒后不沾恋；

4. 读书不二：一书未点完，断不看他书；

5. 读史：丙申购二十三史，每日读十页，虽有事不间断；

6. 谨言：刻刻留心，是工夫第一；

7. 养气：气藏丹田，无不可对人言之事；

8. 保身：节劳节欲节饮食，时时当作养病；

9. 日知其所亡：每日记茶余偶谈一则；

10. 月无忘所能：每月作诗文数首，以验积理之多寡，养气之盛否，不可一味眈着，最容易溺心丧志；

11. 作字：早饭后作字半小时，凡笔墨应酬，当作自己功课，不留待明日，越积越难清；

12. 夜不出门：旷功疲神，切戒切戒！

1871年，曾国藩的身体每况愈下，一天不如一天。但就是在这一时期，他仍不忘写箴言警示和鞭策自己。这几句话语是："禽里还人，静由敬出；死中求活，淡极乐生。"他认为"暮年疾病、事变，人人不免"，而读书贵在坚持，并在读书中体味出乐趣。因此，在2月17日，他自己感到病甚不支，多睡则略愈，夜间偶探得右肾浮肿，大如鸡卵，这确是一个危险的信号，但他却不为所动，依然如往日一般照读不误。疾病缠身，这已是难以摆脱的困扰，"前以目疾，用心则愈蒙；近以疝气，用心则愈疼，遂全不敢用心，竟成一废人矣"。但药疗不如读书，他离开了书就是一个废人了。

　　1872年3月2日，曾国藩的老病之躯已如风中残烛了。这一天，他"病肝风，右足麻木，良久乃愈"。3月5日，前河道总督苏廷魁过金陵，曾国藩出城迎候，出发之前阅《工程全书》，迎接途中，"舆中背诵《四书》，忽手指戈什哈，欲有所言，口噤不能出声"。身体已经虚弱至此，但他却还在每日苦读《工程全书》。他接连在日记中发出感叹："近年或作诗文，亦觉心中恍惚，不能自主。故眩晕、目疾、肝风等症皆心肝血虚之所致也。不能溘先朝露，速归于尽；又不能振作精神，稍治应尽之职。苟活人间，惭悚何极！"他自知油尽灯枯，将不久于人世，便抓住生命最后时光做自己最喜爱的事——读书。就是这样，他至生命最后一刻依然学习不止，在理学的探究与修养的提高上，可以说他为自己画上的是一个圆满的句号。

　　他一生的成就源于苦读，正是他一生的学习不倦，成就了他多方面的辉煌。

运用知识的力量

　　人活着应该有个目标，有个方向，否则就会迷茫。这个方向，正是我们经常说的志向，而志向的建立，又需要与学识联系在一起。成大事者，均有一个良好的学习习惯，并用这个习惯督促自己不断前进，从而达到心中的目标。只有运用知识的力量，立志方能远大，成志方可实现。人们只利用一小部分的天赋从事事业，而不能尽其教育训练的全部天赋才能，所以他们在事业上一定要受很大的拖累。本来能够充分施展拳脚，却因拳脚不便而屡屡受挫。

　　你也许就是这些人中的一员。那么，你想改变这种状况吗？又该如何改变呢？下面的一些建议也许正是你所需要的。

　　汉代的王充，亦是通过敏而好学，刻苦努力而成功的。

　　王充，东汉时会稽上虞人，他出身于"细的种族"，没有什么积蓄，一家过着清贫的日子，在《论衡·自纪篇》中，王充这样叙述自己的青少年时代：童年时与其他儿童游戏，不随便打闹，"侪伦（指小伙伴）好掩雀、捕蝉、戏钱"，"充独不表"。他6岁开始识字，8岁进书馆学习。他请老师讲授《论语》《尚书》，一天能背1000多字。约15岁时王充到京师洛阳进太学深造，开阔了眼界。但太学里的学习并不能使王充感到满足。《后汉书·王充传》说他"好博览而不守章句"。即学习时不拘于经典词句，而是广读群书。由于家境贫寒，买不起书，他经常到洛阳的书肆中去看书。在热闹的街市里，他也能全神贯注，甚至暗暗背下特别好的词句。王充学成之后，回到故乡，一面授徒讲学，一面开始自己的著述。曾希望自己能当官出仕的王充有过相当大的政治抱负，希望自己能有所作为。但是当时豪门贵族控制仕途，英俊皆为下僚，王充出身寒庶，其思想见解又不为当时的统治者赏识。所以他只做过类似慕僚一类的小官，后因意见不合而被迫辞职。

和大多数文人一样，当王充感到自己在仕途上不顺利时就专心治学，著书立说。王充所处的时代，虽然表面上显得比较平静，但仍旧潜伏着社会危机，阶级矛盾也有所激化。西汉董仲舒提出"罢黜百家，独尊儒术"的口号，从巩固封建统治的政治需要出发，把先秦儒家，阴阳五行思想糅合，改铸为"天人感应"的神秘主义儒学，成了官方的正统思想。在这一基础上，带有迷信色彩的谶纬之学在东汉时冒头。谶，就是伪造上天所谓的文书，其中有预言、启示之类；纬，就是用天人感应的神学理论去注解古籍。显然，这种谶纬学说是充满了各种迷信的荒诞之说，其影响所及，使"众书并失实，虚妄之言胜真美"。王充对此"疾之无已"，因而奋笔著书。针对当时思想界的问题，他写下了《大儒》《讥俗》《节义》《政务》《论衡》《养性》等书。现在保存下来的只有《论衡》一书。《论衡》分30卷，85篇（现存84篇），约30万字，这是王充从34岁开始，前后用30多年，写出的一部充满战斗精神的唯物主义哲学巨著。《后汉书·王充传》说他在写这部书时，闭门谢客，拒绝一切婚丧庆吊的应酬。在自己卧室的书架上，放满了笔砚、刀和竹木简，一有什么想法就随时记下来，直到临死时才完成此书。王充解释《论衡》这一书名时这样说："论衡者，所以诠轻重之言，立真伪之平。"就是衡量言论得失和真伪之作。在这部巨著中，在对已成为官方思想的汉代唯心主义哲学和神学迷信进行系统的批判中，展现了王充的大无畏精神。同时对先秦以来的主要思想流派进行了评论，从思想的承继关系中，对汉代思想作出总结。

晚年生活困苦的王充在 71 岁时去世，而直到他去世也没有多少人知道他的著作。到东汉末年，经过蔡邕、王朗等人的推许，一些著作才逐渐流传开来，这位伟大而杰出的古代唯物主义思想家的著作才得以流传后世，成为伟大而宝贵的民族文化遗产。这笔文化遗产，如果没有王充当时的勤奋学习，珍惜分秒的精神，就只会是"产"而不能"遗"了。

成大事者，需要养成惜时如金的习惯，勤奋不已的学习作风，方可走向成功。

明末谈迁，即是又一个这样的人物。为了弥补堂堂大明无一部传世编年史的缺憾，他花了 26 年时间六易其稿，终编成一部 900 卷、500 万字的《国榷》，但书稿不幸被窃贼盗走。受到如此沉重打击的谈迁此时已经 55 岁，然矢志不渝，从头做起，凭其记忆，终于在其 60 多岁时再次完成了这部巨著。宋代著名词人李清照的丈夫赵明诚，他早年立下了"尽天下古文奇字之志"的宏愿，为编纂《金石录》，节衣缩食，"虽处忧患困穷，而志不屈"，"夜尽一烛为率"，勤奋工作，"乐在声色犬马之上"，终于完成了我国有关金石学方面的巨著。清初的王夫之，隐居湘西深山洞穴，勤奋著述 40 载，著书 324 卷，在哲学上总结和发展了我国传统的唯物主义思想，不仅如此，在天文、历史、数学方面他也成为一代学术大师。明人罗钦顺"潜心格物致知之学"，"里居二十余年，足不入城市"。

清人洪亮吉10年"寒暑不辍",成《春秋左传诂》20卷。中华民族惜时敏学的进取精神在这些人刻苦勤奋的行动中得以昭示。

知识就是力量,10分钟的时间你也可以用来读一些书籍。在自修上下一分功夫,可以助你在事业上得到一分收获。许多志在成功的人,在早些时候,年薪很低,工作很苦,但他们利用其闲暇的时间,自修学习以求上进,比他们在日间的工作更为努力。在他们看来,追求知识、要求进步才是真正的大事,而非薪水。

求知,使你富有知识,知识使人多一份生命。一个人越能储蓄便越易致富,因此,零星的努力,细小的进步,日积月累,可以使你更为充实,可以使你更好地应对人生。

或许有的人认为利用闲暇时间来读书得不到多大的成效,其成绩总不能与学校教育相等,因而不想在闲暇的时间读书。这无异于一个人因为自己进款不多,以为即使尽量储蓄,也不能致巨富,所以一有钱,便尽数挥霍,不屑储蓄!但你没有看见那些利用零星的闲暇时间求得与学校教育相等的效果的人吗?

知识的实质之高,对于我们人生历程的重要,无过于今日。在日趋激烈的生活竞争和日益复杂的生存环境中,你必须以充分的学识作为甲胄。这一切,只有学习知识方可达到。

我们大多数人的缺点,就在一心希望在顷刻之间成就大事。事情是慢慢成就的,因此你应不断地努力读书自修,不断充实自己的知识宝库,从而渐渐扩大知识范围。只有这样,知识才会越积越多,力量也才会越来越大。

知识的力量是无穷的,你应该相信自己获取知识的能力。从现在开始，立一个志向，不断地学习，不断地努力，增加自己的知识，增加自己身上的"能量"。

一个没有知识的家庭，等于一幢没有窗户的房屋。而知识源于书籍，小孩子会在接触书本的过程中自动培养读书的兴趣，而不会自觉地摄取知识。时至今日，几乎每个家庭都有书籍。在古代家庭藏书是一种奢侈，在现代已是一种生活需要。多读书、读好书、好读书，应该是一种取向。

学生在学校最应该培养的一种能力，就是熟悉各门学科的相关书籍。你要学会在汗牛充栋的图书馆的众多藏书中，挑出最适合自己的几部。这种能力，对于人的一生，大有裨益。这仿佛是一个人在选择适当的工具以从事知识开拓，以利于今后为社会服务，也是实现你的志向的唯一途径。

耶鲁大学的校长海特莱曾经说："各界的人，如商业界或产业界中人，都曾告诉我'那些有选择书本的能力且善用书本的大学生是他们最需要、最欢迎的大学生'。而这种选择书本善用书本的能力的最初养成，最好是在家庭中——具备着各种书籍的家庭中。"

穿褴褛的衣服破旧的鞋子，这都不打紧，但千万不要在购买书籍上过分节约。如果你不能为你的子女提供高等教育，那么就供给他们必要的书本，从而将他们从现在的地位举到较高一级上去，让他们因拥有知识而登上生活的更高一级台阶。

有一户人家，其父母子女相约每晚留出一部分时间作读书或自修之用。晚餐方罢，他们便一直休息及游戏，在 1 个小时之内，或谈笑戏谑，或做各种玩意儿，极尽欢娱。但当 1 小时后，各自进行阅读、写书或别项自修时，静得连细针坠地都可以听见。这是一种追求、一种志向，也是一种良好的习惯。

即使这个人异常忙碌，也还是会虚度或浪费许多光阴，而假使将这些被虚度的光阴善加利用，一定能生出大益处来。

哈佛大学原校长艾略特曾说："养成每天读 10 分钟书的习惯。这样每天 10 分钟，20 年以后，你的知识水平一定前后判若两人，前提是他得读好的东西，汲取的是有力量的知识。"

著名心理学博士施瓦特说过："只要你每天晚上在临睡前给我 15 分钟，我保证你 1 年之后便会成为我们中的一员。"

所以，你没有借口可找。只有不停地向着你的目标奋斗，培养好你的志向，并通过学习来完成它，不停地学习，无论在学校还是学校以外，你的生命都将不虚此行。

有许多人在学校时成绩平平，但日后在学识及事业上往往有惊人的表现，原因也就在此。

所谓"活到老，学到老"，人的一生都是受教育的时期，社会就是我们的大学校。我们所遇见的人，所接触的事物，所得到的经验，都是这所学校中的教师。只要我们开放自己的耳目，那么在生活或工作的每一分钟，都可以摄取许多东西。如果你愿意，知识的无穷力量也会给予你无尽的快乐。

而且你要认识到，成功并非终点，它只不过是你一段时间的小结而已。成功是下一个开始的起步，应该准备好，走好下一步，为了下一次的成功再接再厉。从古到今，凡是成功者都不满足于现状，而是不断为下一次成功做准备。"今日的努力是美好明天的基础"，因此你片刻都不可放弃学习；若有浪费，即使是片刻也可能带来终身遗憾。对于你来说，利用闲余时间学一些对工作有利及提高工作效率的知识，利用目前可供自己自由思考的时间来保证你将来成功，这既是投资，也是保险，更是将来的利润。

相信在这个世界上，再没有人比亨利·布莱顿更忙碌了。这个大忙人虽然年仅 30 岁出头，但他既是美国 Servo 公司的总经理，又是当今美国少数导弹专家之一。布莱顿依然学习不辍，一天的辛勤工作之后，晚上他还上夜校继续进修。这次他选择的科目是素描。

他为什么要去学素描呢？针对这点，亨利的回答使人非常感动："因为素描可以有效地将我的创意传递给我的下属及技术人员。"

功成名就的他，并没有把现在认为是人生努力的终点。社会一直在发展，时代不断在进步，若想跟上时代，就应该不断努力学习。因此，在晚上的空闲时间，他学习打字、雷达技术、西班牙语、管理学、演讲学等，凡是对他的业务有帮助的他都学。事实上，他也真的能学以致用，并且收到很好的效果。

一个真正成功的人，即使每天工作再多再累，他也绝不埋怨，并且还能腾出时间进修。这正是成功的秘诀之一，因为他们相信知识的力量是无穷的。

无论你学了多少知识，它都会累积在你的脑中，成为你自己的东西，永远不会消失！将知识转化为前进的动力，你的远大目标就会近在咫尺，你离成功就会只有一步之遥。

青年人应该时刻牢记：知识就是力量，知识的力量是无穷的。只有用知识武装自己，才能够取得事业上的辉煌！

将知识转化为财富

　　知识只有在运用中才会发挥它的巨大作用，这正是成功者之所以能做成大事的关键所在。将知识转化为财富，就是要学会学以致用，从而所学有所用，所学为你所用。

　　清朝有一个姓张的读书人。他讲古书时，可以滔滔不绝，并讲得头头是道。可是，若让他去处理世事时，他却显得很迂腐。

　　有一天，他得到了一部兵书，如获至宝，把自己关在家里读了好几天，并自以为熟通兵法了。

　　正好，有一群土匪聚众闹事，于是他就召集了乡兵，前去平乱。

　　可是，在他按兵书上所说的作战示意图行事之后，在初次交锋时，就被土匪击溃，他自己也险些被土匪抓走。

　　后来，他又得到了一部关于水利的书，对书进行一番苦读之后，他认为自己已能让所有土地变成良田。于是让人按他的图纸兴修水利，结果水从四面八方的渠流进了村里，险些把村里的人全部淹死。

　　这个故事听起来让人捧腹，但是也让人深思，它嘲讽了那些一切以书为法的读书人，这些书呆子不能对书本知识进行变通，不知道把学与用结合起来，所以导致了不堪设想的后果。

　　希望你以此为鉴，将死书读活，学以致用。

顾炎武在赞同这一观点的同时，亦用"行万里路，读万卷书"来表达自己的主张。

朱熹也曾提出"先须熟读，使其言皆若出于吾之口，继以精思，使其意若出于吾之心"。

毛泽东同志曾多次强调，读书要注重理解和运用，不要死背教条，与实际相脱离。

毛泽东同志在读马列主义的书时，能把马列主义理论与中国革命的实践相结合，创造性地应用，使得中国革命取得了胜利。

只要我们掌握这种读书方法，便能在有限的时间内，阅读更多的书籍，取得更大更多的收获。

书上的知识与实际结合若成功，便证明了书上知识的合理性。如果与实际结合失败了，那就说明书上的知识是不科学不合理的。

读书的目的就在于应用，在于指导人们的生活，读书而不与实际相联系，是没有用的，最为行之有效的读书方法便是与实际相联系地读书。

如果你想把书上的知识变成自己的真知灼见，就必须把书上的知识与自己的生活（工作）经验相结合，变成一个全面的认识。否则书本上的知识就是片面的、无用的知识。

人类为了让知识造福于自身，才对知识进行学习和掌握。如果不学以致用，那么，再好的知识也是一堆废物。

南宋著名诗人陆游曾在《冬夜读书示子聿》中对他的儿子进行劝勉道：

古人学问无遗力，少壮工夫老始成。

纸上得来终觉浅，绝知此事要躬行。

如果你不为纸上得来的东西而满足，那么就应把书上的知识运用到实际中去，这样不但可免于浮躁，还可为社会创造财富，并在学以致用中获得更多更丰富的知识。

学生们对于书上的是非叙述，往往只当作一种知识形态，因此不大受震撼。生活中的人和事才使他们受到了真正的震撼。

前些年出现的先进典型孔繁森的事迹，学子们应该都听说过，但在英模工作的地方，他们的心被老百姓发出的肺腑之言所洗礼，从而发自内心地感受到了善恶与美丑。

某高校的学子对天津的大邱庄进行考察时，看到了大邱庄经济发展的一面，也看到了禹作敏的另一面：

住着豪华别墅，过着非常奢侈的生活；门口还有二十四小时值班的门卫；禹作敏所说的话在大邱庄就是"法"，无人敢说不，禹作敏就像是大邱庄的"土皇帝"。

学生们认为禹作敏的所作所为已不符合一名共产党员该具备的思想素质，后来事态的发展果然印证了学子们的感受。

大学生在学以致用的活动中，接触到了很多经济落后的地区，这些地区的状况引发了学子们的思考。学生们在总结中分析了某些地区落后的原因及克服的办法。

落后地区的现实激起了学子们的责任感，他们通过对条件、资金、信息、技术等方面地不断见证，深入探讨改造落后地区的途径和方法。

当大学生步入社会后，学子们的责任感就会为社会带来巨大效益。

除此之外，大学生们在锻炼的过程中，提高了组织管理能力，并在经济案例中，感受到了信息的重要性。学以致用不但锻炼了大学生的能力，还促进了大学生的成长。这对整个教育事业来说是一件大事，对整个中华民族来说是一件功在千秋的伟业。学以致用，是学的一个境界。青年人要达到这个境界，就需要平时不断地锻炼自己，使自己养成良好的学习习惯，从而在将来的事业中更好地得以利用和发挥。

养成不忘学习的习惯

成功的人有千千万，但成功的道路却只有一条——学习，勤奋地学习。学习用时下流行的话来说就是"充电"，如果一个人停止了学习，那么你很快就会"没电"，会被社会所抛弃。养成不忘学习的习惯，你离成功就不远了。

在网络信息技术日益发达的今天，你如果不每天学习，不"充充电"，那么很快就会落伍。因此，无论在何时何地，每一个现代人都不要忘记给自己充电。只有那些随时充实自己，为自己奠定雄厚基础的人才能在竞争激烈的环境中生存下去。青年人更应如此，通过学习武装自己的头脑，充实自己的生活。

古代著名的教育家孔子常常强调干劲及学习的重要性。但在孔子的众多弟子中，并非每一位都充满干劲，都勤奋好学。例如宰予，虽有一副绝好的口才，但却怠于学习。对于宰予，孔子不禁摇头叹道："朽木不可雕也。"但再怎么责骂这种人也难改其性，最终被社会淘汰的肯定是这种不可救药之徒。

在学习的过程中，除了干劲以外，还需要有另一种观念，即学习充电的观念，尤其是现在这个时代，"学而不思则罔，思而不学则殆"。然而书本知识只是基础，必须再用自己的理解力将其消化吸收才行。社会是一本巨大的书，需要你不断地去翻阅，因此，不充电的人会很快在现代社会中失去能量。

现代生活的变化万千，节奏加快，要求我们必须抱定这样的信念：活到老，学到老。你也应该记住：最难战胜的劲敌，是哪一步也不放松的人。

我们常会听见"那个人属于大器晚成型的"之类的话，意思是说，他现在虽然并不怎么样，但日后总会成功的。

同样从新的起点开始工作，有人能立刻得到要领而灵巧地掌握。但这种人很少、很难得，因为他们往往在中途就干不下去，放弃了充实自己的机会，甚至退步变坏。

与此相反，起先摸不清情况而不顺畅的人如果多方请教，同时自己认真用功并继续保持这种态度，大多会获得很大的成果，这样的对比说明，有无不断学习是决定你能否成就伟业的一个关键性因素。

人的成长是在许多人的帮助与指导下进行的。比如双亲、师长、朋友等，在适当的时机恰当地施予指导，才能实现一个人的正常成长。可是，更重要的，就是要自动去学习吸收这种帮助与教导。

大多数人从学校毕业后进入社会就失去了上进心，这种人以后都不会再有什么进步了。反之，那些学生时代不起眼的人在社会中往往会恪尽本分，主动学习，从而取得长足进步，从而"大器晚成"。

所谓"大器晚成"的人必是那种保持自觉学习态度的人，他们勤奋地学习，踏实地进步，自身实力与日俱增。工作中的每天都有新情况、新挑战，每天都要面对新事物。学习与生活同在，生活就是学习。

一份工作，许多人干一段时间就觉得没意思了，想换一份，而换工作是有条件的，有实力才能换工作，而实力来自你自己。现代社会的机会很多，你只要天天学习，就会天天有进步，就会天天有机会，你的生活也会富有生机。

那么，你应该用何种态度来应对你打算做一生的工作呢？如果因为目前的工作进行得很顺利就感到很放心，每天优哉游哉地过安稳日子，那么目前的情形就不一定能维持很久了，甚至你也许离失败也不远了。"学如逆水行舟，不进则退"就是这个道理。

与此相反，如果能将这份工作当作一生的事业而埋头苦干，不断进取、不断创造新的东西，"活到老学到老"，那么你的进步一定是无止境的。你就能日日以清新愉快的心情，去做自己的工作。你不会觉得疲倦，当你有理想，而不至于失去它时，你的生活会是多姿多彩的，你的心情也是轻松快乐的。

而且这种人对自己的工作有一股拿生命作赌注的热忱，他把自己的使命刻在心里，为了完成使命，甚至愿意舍命去完成。当然，这里所谓的"舍命"并非字面意义上的舍弃生命，而是指让自己强而有力地去努力工作，让生命发挥更大的作用。只有不断地为自己"充电"，生命力才会更加强大，你的"能量"才会不断得到补充，才能让生命更有意义，让生活更加美好，只有不断"充电"才会更上一层楼。

"只有不放松自己，不断进取的人，才有资格与人一较高下。"

一个颇有魄力的老总在公司的经理会上说了这样一段话：

"美国的大公司，在开办新的分公司或增设办厂时，20世纪50

年代出生的人，往往就任主管职位，如果现在公司命令你担任技术部长、厂长或分公司的经理的话，你们会怎样回答？你会以'尽力回报公司对我的重用。作为一个厂长，我会生产出优良产品，并好好训练员工'回答我，还是以'我能胜任厂长的职务，请安心地指派我吧'来马上回答呢？一直在公司工作，任职10年以上，有了10年以上的工作经验的你们，平时不断地锻炼自己，不断地'充电'了吗？一旦被派往主管职位的时候，有跟外国任何公司一较高低，把工作做好的胆量吗？如果谁有把握就请举手。"

发现没有人举手后，他继续说："各位可能是由于谦虚，所以没有举手。到目前，很多深受公司、同行和社会称赞的前辈，都是因为在被委以重任时表现优异。正是由于他们的领导，公司才有现在的发展，他们都是从年轻的时候起，就在自己的工作岗位上不断'充电'，不断磨炼自己，认真吸收工作要领。当他们被委以重任时，能够充分发挥自己的力量，带来良好的成果。"

的确，这一点无论何时何地都不会改变。艺术界的名演员，都是很有天赋的人，但他们仍会分秒必争地为提高自己演技而认真学习。如果报纸上的影评、剧评指责他的缺点的话，他会一夜不眠地思索自己的缺点，这样我们才能欣赏到完美的表演。对一个公司来说，是一样的道理。缺少不断的努力和磨炼，绝对不能培养自己的信心和实力来担任领导者的工作。

只有时常激励自己，不断努力，保持不断进取的精神，才能够在工作中更上一层楼。

用一生来学习

常言道，活到老，学到老。从古至今，不知有多少人在践行着这句话，师旷劝学虽是古话，却可以使我们感受到这种精神对心灵的震撼。用一生来学习，不仅是方法，更需要形成习惯，言可持之以恒，而见成效。

下面讲一个"江郎才尽"的故事。

南北朝时期，梁朝有个金紫光禄大夫叫作江淹。江淹年轻时家境贫寒，好学不倦，诗和文章都写得很好，是当时负有盛誉的作家，中年为官以后，有一天晚上，他梦见一个自称郭璞的人，对他说："我的五彩笔在你处多年，请你还给我吧！"江淹听了这话以后，到自己怀中去摸，摸到了五彩笔便还给了郭璞，此后，江淹写诗、文便再也没有优美的句子了。因而后世便有了"江郎才尽"的成语。

虽然这只是传说，但江淹做官以后，脱离群众，脱离生活，不认真学习，恐怕是他在文坛上从此湮没无闻的主要原因。纵观古今中外，在青年时代所获得的成就比壮年、老年时期要多得多的大有人在。苏东坡少时文章议论纵横飞动，冠绝一世，而进入中年后，便逐渐委顿了。这些例子，说明人只有学习不停，才会才华不尽。勤学不辍，就不用怕"江郎才尽"。

　　季羡林先生具有超人的治学禀赋，学识广博，他的学术研究范围就可以证明。季老的学识不但广而且还深，可谓边活边学，不言放弃。拿他研究工作的《浮屠与佛》来说，从1947年用汉、英两种文字发表此文，其中有些问题由于当时条件有限感觉不太满意，直到1989年，历时40年，不断收集资料，又写一篇《再谈"浮屠与佛"》，直至解决了那些问题。

　　季羡林先生这种坚持学习的精神，在他60年的学习和研究中从未间断过，在其研究吐火罗文的历史过程中，便可见一斑。

　　"1946年回国以后，在吐火罗文研究方面，我手头只有从德国带回来的那一点儿点儿资料，根本谈不到什么研究。20世纪五六十年代，在极'左'思想肆虐的时期，有'海外关系'，人人色变。我基本上断绝了同德国以及其他国家的联系。偶尔有海外同行寄来吐火罗文研究的专著或者论文，我连回信都不敢写。我已下定了决心，同吐火罗文研究断绝关系。但是，在思想中，有时对吐火罗文还有点儿恋旧之感，形成'藕断丝连'的尴尬局面。"

　　"80年代初，新疆博物馆馆长李遇春亲自携带着1975年在新疆焉耆新出土的吐火罗文残卷，共44张，两面书写，合88页，请我解读。我既喜且忧。喜的是同吐火罗文这一位久违的老朋友又见面了。忧的是，自己多少年来已同老友分手，它对我已十分陌生，我害怕自己完成不了这一个任务。总之，我一半靠努力，一半靠运气，完成了委托给我的任务。从那以后，我对吐火罗文的热情又点燃了起来，在众多的写作和研究任务中，吐火罗文的研究始终占有一席之地。在1983年我就开始断断续续地用汉文或英文发表我的吐火罗文 A《弥勒会见记剧本》的转写、翻译和注释。到了写这一篇'总结'的时候，1997 年 12 月，我对吐火罗文 A《弥勒会见记剧本》所应做的工作，已经全部结束。一部完整的英译本，1998 年上半年即可在德国出版，协助我工作的是德国学者 Prof. Werner Winter 和法国学者 Georges Pin-alut。这一部书将是世界上第一部规模这样大的吐火罗文作品的英译本，其他语言也没有过，在吐火罗文研究方面有重大的意义。我 60 年来的吐火罗文的学习和研究工作，也就可以说是画上了一个完美的句号了。"

90 多岁时，这位耄耋老人依然每天坚持读书、看报，不断学习、进步，真可谓是"活到老，学到老"的典范，为我们树立了终身学习的榜样，也为青年人的学习、奋斗之路上增添了一座路灯，指引我们前行。

在互联网已经成为学习途径之一的今天，社会对人提出了更高的要求。如果你不学习，你不及时让自己"升级"，那你就会被时代的竞争淘汰出局。"活到老，学到老"不仅是青年们对自己的要求，更是时代对青年们的要求。

第三章

业精于勤荒于嬉：习惯造就美好人生

　　良好的习惯是你一生中最宝贵的财富，一个习惯养成一种品格，一种品格决定一种命运。习惯可以助人成功，也可以促人失败。好的习惯是通往成功的捷径，坏的习惯却将人带入迷途，远离成功目标。养成一种良好的习惯，你在事业之路上将无往不胜。

好习惯是成功之翼

人生是一次充满欢乐和艰辛的旅程，在这短暂而又漫长的旅途中，每个人的目标不同，可每个人都想得到幸福，向往成功，想在自己走出的路上留下值得让后人纪念的东西。正是这种深藏于心底的渴求形成了不竭的动力源泉，鼓舞着芸芸众生挑战未来，珍惜生命。

要想达到成功的顶点，你就要每天摆上一两块石头，当你回首时，你会发现自己走出的人生道路尽管崎岖不平，可它却像一道美丽的曲线划分着时空。

一个良好的习惯是你一生中最宝贵的财富，一个习惯养成一种品格，一种品格决定一种命运。

1. 良好习惯造就美好人生

凡是名人、伟人都有一种良好的习惯——手不释卷。毛泽东硬板床上的半壁江山属于书，马克思在大英国家图书馆中痛苦地思索，地上留下"一道沟"，列宁在狱中起草文件，一天连吃6个"墨水瓶"。因为他们有读书的习惯，有思考的习惯，有记录自己思想、表达自己思想的习惯，所以才能写出亿万民众想说的话，让半个地球的人改变了生活的命运。这些伟人的另一个可贵之处在于他们懂得"书没有长腿"这句话，所以他们都有把自己的思想付诸实践的习惯。他们时刻不忘让别人了解自己的思想，并领导民众实现它。纵览这些伟人的一生，他们的成功取决于他们从小就养成了思想和行动的习惯，并在日后的生涯中使这种习惯逐渐成为自己生命中不可或缺的一部分。

多一个好习惯，就多一份自信，多一个好习惯，就多一份成功的机会，多一个好习惯，就多一份享受生活的能力。

习惯是一个人经过长时间做某一件事而形成的一种不自觉的或者自发的行动。每天要洗手、刷牙、洗脸，这些最平常的事到底给了我们什么呢？它给了我们生活中最重要的东西——秩序，有良好习惯的人办事有条理，不会手忙脚乱，这实际上就节省了时间。节省了时间也就延长了生命，你就可以利用有限的人生看更多的风景，做更多的事情，想更多的问题，享受更多的快乐。你就可以开拓一个美丽的新世界。政治家的思考要有秩序，否则国家管理会出现混乱，军事家的指挥要有章法，否则军队就是一盘散沙、是乌合之众。教师的思考要有秩序，否则学生便不知所云。律师的思考要有秩序，否则就会弄错案情，不能伸张正义。一个人思维的品质是由良好的学习习惯造成的，一个人的办事条理是由良好的生活习惯造成的，一个人品格的好坏也是由它的习惯所决定的。要想拥有美好人生，就要有良好的习惯。

2. 好习惯是力量的源泉

一位著名的大学教授多才多艺，退休后想把自己的小提琴演奏奉献给社会，当人问他为什么能把曲子拉得如此流畅时，他说："我是这样来练习的，每当练习曲目前，必定先了解曲目是由几小节构成的。比如：准备练习 30 小节，一天练习 1 小节，一个月即可练习完毕，不过，我并非从头到尾依次练习，而是从最简单的一小节开始。第二天，再从所剩的 29 小节中挑选最简单的练习，而用这种方法练完整首，不但轻松自如，而且还在练完之后找到了各个小节之间的呼应关系，从整体上理解了这首曲子的境界。"

从心理学看，他的练习法是相当合理的，因为人有惰性，往往会找借口逃避工作，加上碰上困难的工作，更不敢面对现实，而这位教授的方法正可满足人的成就感，克服惰性，给人增添信心，每完成一小节，就增添一份信心，这可以说是巧妙的解决办法。

"天下难事必作于易，天下大事必作于细。"从最简单的事情做起给了你成就感、自信心。同时也会使你的工作，学习的热情逐渐高涨，注意力更加集中，能够取得好的成绩。不管是在工作中，还是在学习中，最重要的是一定要有热情，而且要能专心致志。

大千世界，有天才，有凡人，两者之间的区别在哪里？天才怀有对未知领域宗教般的热情和对自己从事的研究全身心的投入。从最简单的做起就是培养天才品质的最有效的途径。你想成为天才吗？从最简单的做起，培养这个良好的习惯，它会成为你力量的源泉。

3. 好习惯是生活航道的指示灯

在现代生活中，什么都在变，明天的世界和今天不一样，我们不得不每天面对生活对我们的挑战，也许会因为整日的奔波心力憔悴。那我们就永远只有一个新而不美的世界吗？不，我们要用良好的习惯来迎接生活给我们的压力和变化，在现代生活的大潮中稳稳地架起生活的方舟。

习惯是生活中相对稳定的部分，我们每天要读书、要跑步、要听音乐、要打球，这些都是在某个相对固定的时间来做的。其他时间所做的事可能每天都有不同。当你忙碌了一天后，想起自己的书本和球拍，心中犹如点燃了一盏明灯，尽管很累，但它们能让你摆脱日常生活的喧嚣，寻找到片刻宁静，犹如一艘远航的船可以停泊靠岸，过一种别有情调的生活。

习惯是从环境中成长出来的——以相同的方式，一而再，再而三地从事相同的事情。不断重复，不断思考同样的事情。而且，一旦养成习惯之后，它就像在模型中硬化了的水泥地——很难打破了。

所有人都是习惯的产物，习惯是一条电缆，我们每天在它的外表编织一条铁线，到后来它变得十分坚固，使得我们再也无法把它拉断。

习惯也是一位残酷的暴君，统治及强迫人们遵从他的意愿、欲望、爱好，抵制新的思想和事物，人类的历史就是在和习惯与偏见的斗争中展开的。

习惯是一条"心灵路径"，我们的行动已经在这条路上旅行多时，每经过它一次，就会使这条路径更深一点儿，如果你曾经走过一处田野或经过一处森林，你就会知道，你一定会很自然地选择一条最干净的小径，而不会去走一条荒芜的小径，更不会横越田野，或从林中直接穿过，自己走出一条新路来。心灵行动的路线则是完全不同的，它会选择最没有阻碍的路线来进行，走上很多人走过的道路。

要除掉旧习惯，最好的方法是培养新习惯，开辟新的心灵道路，并在上面走动以及旅行，旧的道路很快就被遗忘，而且，时间一久，将因长期未使用而被荒草淹没，每一次你走出良好的心理习惯的道路，都会使这条道路变得更深更宽，也会使它在以后更容易走。这种心灵的筑路工作，是十分重要的。开始修建理想的心灵道路，在上面旅行，通往美丽的新世界。

4.培养良好习惯的五项原则

下面是五项帮助你建立良好习惯的基本原则。

第一，在培养一个新习惯之初，把力量和热忱注入你的感情之中。对于你所想的，要有深刻的感受。万事开头难，你开始建造新的心灵道路的最初几步至关重要。一开始，就要尽可能地使这条道路既干净又宽敞，下一次你想要寻找及走上这条小径时，就可以很轻易地认出这条道路来。

第二，把你的注意力坚强地集中在新建道路的修建工作上，使你的意识不再去注意旧的道路，以免又走上旧的道路。不要再去想旧的道路上的事情，把它们全部忘掉。

第三，可能的话，要尽量多地在你新建的道路上行走，你要自己制造机会走上这条新路，而不要等机会自动在你眼前出现。你在新路上走的次数越多，它们就能越快被踏平，更有利于行走，一开始，你就要拟订一个计划，准备走上新的习惯道路。

第四，拒绝走上旧路的诱惑，过去走过的道路比较好走，人天生有惰性。你每抵抗一次这种诱惑，就会变得更坚强，下一次你更容易抗拒这种诱惑。相反，你如果向这种诱惑屈服一次，下一次就会更容易屈服。拒绝诱惑是最重要的原则，你必须在一开始就证明你的决心、毅力和意志力。

第五，确信你已找出正确的途径，把它写成明确的目标，毫不畏惧地前进，不要犹豫不决。"着手进行你的工作，不要往回看。"

习惯与自我暗示之间存在着很密切的关系。根据习惯而一再以相同的态度重复进行的一项行为，将会成为永久性的，到最后，我们将会自动地或不知不觉地进行这项行为。一个钢琴演奏家一面弹他熟悉的曲子，一面想他脑中的事，就如同你用母语一边同别人谈话，一边清扫地上的灰尘一样。

"自我暗示"是我们用来挖掘心理道路的工具。"专心"是握住这个工具的手，而"习惯"则是这条心理道路的路线图。要想把某种想法和欲望，转变成为行动或事实之前，必须忠实而固执地将它保存在意识之中，一直等到习惯将它变成永久性的形式为止。

保持良好的生活习惯

良好的生活习惯是一个人做人、做事、做学问的根本。它能使你向着目标，脚踏实地；它能让你奋力前行，不偏离轨道；它能让你享受生活的乐趣与成功时的自豪。

1.成功源于生活的每一天

前途很远，也很暗。不要怕，只要你过好每一天，光明就会向你走来。

小D上高一时是一个不大起眼的学生，因为从小家境贫苦，他努力向上，一开始他自己制订了一个计划，每天早晨早起半小时读书，他用这句话鼓励自己：既然我不是最聪明的那一个，我就做最勤奋的那一个。小D读高中的三年里，总是早起读书，一开始是很痛苦的，因为和别人一样想睡懒觉。可后来就是到点就起，不读上一段就感到像少了什么似的。到高考前夕，他不但能背诵语文课本上的所有名篇名段，而且可以复述英语课本中的课文。当他拿到某名牌大学的录取通知书时说："我的成功来自每天早晨的那半个小时。因为早起的半小时是一天中的黄金时刻，我已经为过好新一天开了一个好头，我有了一种收获的快乐。"

清代著名画家郑板桥在总结自己的艺术创作时写道："四十年来画竹枝，日间挥写夜间思。冗繁削尽留清瘦，画到生时是熟时。"齐白石先生自勉句："苦把流光换画禅，功夫深处见天然。"他是每日作画，不让一日虚度的勤劳的模范。

事业上的成功就是点滴积累的结晶，辉煌的日子是最普通而又充实的日子的延续。

一个人的心理素质对于成功是很重要的。比如说耐心和对挫折的承受能力，都很重要。坚忍是一种心境状态。只有具有坚忍的品格才会面对困难不低头，笑看人生中的哀乐烦忧，向着既定的目标迈进。

"天将降大任于斯人也，必先苦其心志，劳其筋骨，饿其体肤，空乏其身，行拂乱其所为，所以动心忍性，曾益其所不能。"

孟子的这段话鼓舞了心中有远大志向者在迈向事业成功的途中持之以恒，几十年如一日地孜孜以求，毫不松懈，历尽苦难不改初衷。

"罗马不是一天建成的"，伟大的事业是需要很长时间的努力的。你必须学会循序渐进，因为没有人能在一天之内既练习阅读，又学习数学、弹钢琴或干自己认为值得干的任何事情，没有人能在一天之内改变自己的旧习惯而形成新习惯，任何一个想达到目标的人都要学会投入时间。

2. 提高自己的生活格调

人生本是为追求快乐的，生活中不能没有笑声，一个人过得快乐与否，并不在于外界环境如何，关键在于个人内心的境界。兴趣是快乐之源，很难想象一个对什么都不感兴趣的人会有快乐可言，一个对什么都漠然置之的人会以一颗乐观的心对待生活。生理学家认为，人要想更好地理解生活，珍惜生命，就要建立广泛的兴趣和爱好，这样会使自己的生活丰富起来，还可以调节情绪，放松神经，巩固友情，陶冶品质，矫正不良行为，等等，从某种意义上来说，多一种爱好，也会使人生多一分光彩，多一条道路。

（1）欣赏大自然

大自然以其原始的充满韵味的生命气息亲吻着每一个人的心灵，它那开阔的视野、清新的空气不仅能增进人体的健康，还能洗涤人们心灵上的尘埃，给人以智慧和启迪，性情的陶冶。试想一想：广阔无边的大海，怎能不让我们心怀坦荡？一望无际的草原，怎能不让人心胸开阔？变幻莫测的白云，又怎能不使人神思飞扬？

大自然是我们生活中的一种调节剂。当生活节奏紧张时，它使我们的神经得到松弛；当我们在生活上受到打击的时候，它能起到平衡心态的作用。恩格斯青年时期曾有过一次失恋，为此去阿尔卑斯山旅游，对大山诉说痛苦，向自然寻求慰藉，很快就从失恋的痛苦中解脱，又以新的热情投入到所热爱的伟大的革命事业中。大自然教会人微笑着生活，一切都要向前看，因为还有希望还有机会，相信明天比今天更好。

（2）热爱艺术

马克思说：一个人既不喜欢文艺，也不喜欢体育，那么他的生活将是枯燥乏味的，这说明艺术作为人的一种高级精神需要，是生活中不可或缺的内容。艺术活动可以消除疲劳，增进健康。现实生活证明，许多热爱艺术的人是身心全面发展的人，因为他们学会了欣赏生活。

①文学欣赏与创作

文学作品是艺术化的人生舞台，上演着一幕幕人间的悲喜剧。

无论是作为一个旁观者去欣赏它，还是作为一个作家或导演去创作它，都可以使我们加深对生活的观察理解，促进我们心智的开发。

②在音乐中寻找快乐与健康

音乐是一种富有情绪色彩的语言，具有强烈的感染作用，通过乐曲的韵律、节奏，使人情感起伏跌宕，从而提高大脑的兴奋性，促进其功能的发展。"音乐启迪我的智慧。"每当爱因斯坦在研究和实验中遇到困难时，他就拉起小提琴，原来困惑不解的疑团，常常在优美悠扬的乐曲声中豁然开朗。音乐还决定着一个人的品位，热爱音乐的人，情趣高雅，充满了对生活的热爱。

③其他艺术活动

例如欣赏和创作书画，不仅会得到创作的满足，还会获得美的享受。电影、电视剧作为一种综合艺术，也能帮助人们挖掘更深层的生活内涵，增加生活的阅历。此外，下棋、书法、集邮等，都能丰富生活，这些积极健康的兴趣和爱好，能消除空虚与孤独等不良心理状态。

3.用微笑迎接每一天

世界上的人有各自的生活态度，千差万别，但都逃不出这两个观念：乐观与悲观。乐观的人敢于面对困难的挑战，他会认为失败是暂时的，厄运过后是一片晴空。每次失败都有它的原因，在人生中个人能把握住的事情很少，一旦抓住机会，就要把握好。悲观的人相信坏事是因为他自己的错，会持续很久。两种不同的态度实际上是两种不同的思考方式，也就带来不同的后果。两种不同的思考习惯带来两种截然不同的命运。

乐观者的生活跟悲观者的一样，也有挫折、悲剧等不如意的事，只是乐观者处理得比较好而已，乐观者在遭受打击后很快可以反省回来，他的生活可能是穷困了一点儿，但他可以鼓起勇气重新来过，悲观者则放弃希望而陷入沮丧的深渊。乐观者在事业上，在学校里，在球场上表现得更好；乐观者的身体比较健康，寿命也比较长。

对某些人来讲，认为乐观者是讨人厌的夸大者，是把责任都推给别人，从来不为自己的过失负责的人。这种看法有点儿片面，学习乐观不是要学习自私、自大、使别人不能忍受，而是要学在失败、受挫折时如何与自己对话的技术，要学受到打击时，如何对自己有更鼓励性的看法，不要成为盲目乐观的奴隶。

使用乐观技术的基本原则就是先思考在某一特定情况下，失败的代价是什么。假如失败的代价很高，那么就不应该乐观。在飞机驾驶舱里的驾驶员决定要不要除一次冰时；在酒会中喝了酒后决定要不要酒醉开车时；一个受挫的配偶决定要不要去搞外遇；等等，都不该乐观。因为这时失败的代价是死亡、车祸和离婚。反过来，如果失败的代价很低，你就应该乐观。推销员在决定是否再打通电话时，失败的代价只是他的时间；一个害羞的人决定要不要上前去与人谈话时，失败的代价仅是被拒绝的难堪而已；青少年去学一项新的运动时，失败的代价仅是挫折罢了；一位未被升迁而心中不满的主管，假如悄悄地去找新的工作，失败的代价不过是被拒绝而已。

凯蒂已经节食两周了。今天下班以后，她与同事出去喝酒，吃了一些别人点的下酒的炸洋芋片和鸡翅，吃完后，她立刻觉得破坏了节食计划，前功尽弃了。

她对自己说："干得好，凯蒂，你今晚真是使节食努力报销了。

你真是不可思议的软弱，你只要与朋友上酒吧就会受不了诱惑而大吃大喝。他们一定认为你是个笨蛋，唉，既然过去两周的节食都毁了，你干脆把冰箱中的蛋糕拿出来，痛快地大吃一顿算了。"

凯蒂打开一盒巧克力蛋糕把它吃得精光。她的节食计划真正地前功尽弃了。

其实凯蒂吃些炸洋芋片与鸡翅和后来的大吃没有必然的联系，真正把这两件事连接起来的是她对自己为什么吃洋芋片的解释，她的解释非常悲观。"我这么软弱"，还有就是她所下的结论："我为节食下的所有功夫都废了。"事实上她的节食并没有前功尽弃，但是她的永久性、普遍性及个别性的解释使她放弃了。

这件事可以有个完全不同的结论，如果凯蒂可以反驳她自己的自动化解释想法的话。

她可以对自己说："等一下，凯蒂，第一，我在酒吧并没有大吃大喝，我喝了两杯淡啤酒，吃了两个鸡翅，吃了一些炸洋芋片，可是我并没有吃晚餐，所以平均起来，我可能只比食谱允许的分量多吃了一点儿，只有一个晚上多吃一点儿并不表示我很软弱，想想看，我能坚持两周就证明我很坚强了。此外，没有人认为我是笨蛋，我不认为有谁在注意计算我吃了什么。事实上好几个人都说我看起来瘦了点儿。最重要的是，即使继续去破坏我的节食计划，让我受更多的损害，这样做也是没有意义的。最好的方式是不要再去想这次犯的错，继续努力节食，像我上两个礼拜那样坚持下去。"

生活就像一面镜子，你对它微笑，它就对你微笑。笑对生活的每一天，你会有巨大收获。笑是一种态度，笑是一种境界，笑是一种品格。

不被时间落下

在"钟表王国"瑞士温特图尔钟表博物馆内的一些古钟上，刻着这样一些富有哲理的词句："如果你跟上时间的步伐，你就不会默默无闻。"

翻开人类科技发展史，你就可以发现，人类的种种发明创造，都是为了节省时间。火车代替马车，电视取代影剧院，计算机、激光的出现，无一不是为了节省时间、争取时间、赢得时间。

马克思曾说过这样的话：一切的节约归根结底都是时间的节约。

学习是在时间中进行的。自古以来，人们一直在探索怎样勒住时间的缰绳和利用时间的方法，以增强自己利用时间的能力。而现代社会更是一个高速变化的社会，每个人的生活和学习节奏如轮飞转。高效、合理地利用时间，成为时间的主人，便是现代社会成功的关键。

毋庸置疑，谁能拥有更多的时间，谁就能获得更多的知识。

有些人哀怨岁月无情，时光不再；有些人叹惜光阴珍贵，人生短暂。

可是，在哀怨和叹惜声中，时间又悄悄地从身边流逝。

还有些人有感于时间的宝贵、不止一次下决心合理安排时间，遗憾的是半途而废、虎头蛇尾。于是"靡不有初，鲜克有终"。

凡此种种，都是缺乏时间精神的缘故。那么我们应如何树立自己的现代时间精神？

1.时间就是金钱

苏联作家格拉宁说："时间比过去少了，时间的价格比过去高了，这就是现代社会的时间。"

"记住，时间就是金钱。比如说，一个每天能挣10个先令的人，玩了半天，或躺在沙发上消磨了半天，他以为在娱乐上仅仅花费了几个先令而已。不对，他还失去了他本应得到的5个先令。……记住，金钱就其本性来讲，绝不是不能开值的。钱能生钱，而且他的子孙还有更多的子孙。……谁杀死一头生仔的猪，那就是消灭了它的一切后裔，它的子孙万代，如果谁毁掉了5先令的钱，那就毁掉了它所能产生的一切，也就是说，毁掉了一座英镑之山。"

这是美国著名的思想家本杰明·富兰克林的一段名言，他通俗易懂地阐释了这样一个道理：时间就是金钱，只有重视时间，才能获取人生的成功。

一个人的一生，是由好多好多以"天"为单位的时间所组成的，每一天中，时间都在无声无息地离开我们。有人认为，就那么几分钟，对我们漫长的人生有什么意义呢？实践证明，这几分钟，甚至几秒钟都是至关重要的。垂死的病人，吃过特效药，马上就得到控制，而晚那么几秒钟，心脏就停止了跳动，而他停止跳动的心脏不知还能创造多大的财富。

欧洲的贝尔，是现在电话机的法定注册人，而他在研制电话机时，并不知道在世界上的某个地方，有一个叫格雷的人也在进行同样的研究，就在贝尔在专利局进行专利申请后的 2 个小时左右，格雷也匆匆赶到专利局，结果很遗憾。原因是他比贝尔晚了几个小时，他失去了他原应拥有的一切——成功、名誉和金钱。

实际上，一个人的宝贵财富就是人人都拥有的时间，请记住浪费时间就是浪费金钱。

人生最宝贵的是生命，而时间是组成生命的材料，所以时间也是最宝贵的。

在第二次世界大战时期，德国纳粹用尽残酷的手段来对付犹太人，其中有一种手段是用一个容器盛满水，在容器下方钻一个洞让水缓慢地一滴滴地流下，然后把容器放在被绑缚着的犹太人的头上方，让水滴到犹太人的头上，起初"滴答滴答"的声音听起来很美妙，可是长时间这样"滴答"的单调声音，就会引起人的恐惧，使人在极度恐慌中，神经错乱、绝望扭曲而死，死态恐怖极了。

且不评论纳粹分子的手段如何残忍。水的"滴答"声多像钟表的声音，钟表的一声"嘀嗒"，一秒钟就消失得无影无踪，人的一生，就是由一秒钟一秒钟累积起来的。每一秒钟，都是构成生命的一个因子，因此可以这样讲，时间就是生命。

时间是一种既不能停止，也不能逆转，既不能贮存，也不能再生的特殊性资源，是一种一次性的消耗品。当我们到达老年时期，面临死的威胁时，我们才会对失去的生命感到惋惜，对我们对时间的浪费感到悔恨，然而有什么意义呢？

珍惜时间就是珍惜生命，在每一个极短的时间单位里，让时间发挥出无穷的威力，把我们的一生缔造得更辉煌、更有意义。

2. 争分夺秒，时不空过

时间无始无终，表现出时间的无限性。时间对人的一生来说，是有限的，有始有终的，但是它在人们手里产生的价值却是不可占有的。

在同样的时间里，勤奋造就天才，怠惰养成蠢材。

人类对时间的意识和控制，随着社会的进步而逐渐加强。古代人通过日晷、水漏仪来计算时辰，一天 12 个时辰就足够了。现代人认识到了时间的价值，计量时间的单位由时、刻、分、秒逐步精确到毫秒、微秒、毫微秒、微微秒。

俄罗斯军事家苏沃格夫说：一分钟决定战局。我不是用小时来行动的，而是用分钟来行动的。

运动场上，以 1/10 秒或 1% 秒的时间差决定谁是纪录的创造者。人造卫星每秒钟飞行 11.2 公里，电子计算机每秒钟可以运行百万次、千万次、上亿次、几十亿次。高能物理实验，要求高能探测器在 1‰ 毫秒内精确地记录下高能带电粒子的径迹。在激光核聚实验中，要求在 $10^{-9} \sim 10^{-10}$ 秒内，用激光加热热核材料至亿度高温。

总之，现代科学"争分夺秒"已经不足以满足需求了。

历史上的记载大体上以年为单位；民法上的契约，多数以日为单位；铁路的列车时刻表以分为单位；我们在学习上姑且以分为时间的最小单位。如果我们珍惜每一分钟，做到时不空过，朝着认定的目标努力学习，总有一天会聚沙成塔，在事业和学业上获得成功。

雷巴柯夫说：用分来计算时间的人，比用时计算时间的人，时间多 59 倍。

勤奋，从一定意义上说，就是能够做到"时不空过"。时间的加法，对于懒惰的人来说，带来的只是衰老、忧郁；对于勤奋的人，带来的是进步、成就。

美国有句谚语：事情就怕加起来。古今中外，一切在事业上有成就的人，在他们的传记里，常常可以读到这样的句子："利用每一分钟来读书。"

3.机不可失，时不再来

常言道："机不可失，时不再来。"善于抓住时机，是珍惜时间的一个重要方面，也是现代时间精神的召唤。抓住每一个时机，学好更多的知识，是应付这个动荡社会的永恒法宝。

抓住时机的学习，不仅直接增加了学习时间，客观上也提高了学习效率。按照人作用于社会的过程，可以将人生区分为：准备时期（7岁左右为学龄前时期，7~25岁为学龄时期）、工作时期及晚年工作和退休时期。科学研究表明，5岁前，人的各种能力发展迅速，把17岁的人的普通智力看成100%的话，那么，从出生到4岁，可发展到50%，这是一个萌发期，而在这个萌发期给儿童以丰富适量的信息刺激，其才能可以得到较为充分的发展。在萌发期之后，才能的发展随年龄的增长一般呈现递减趋势。

学龄时期的作用越来越被人们重识。这是最有生命力的，记忆力最好的，向上性、求知欲和进取心最强的，容易接受新知识、新技能和形成新习惯的时期。中小学学习阶段则是人的成长的重要阶段。据对华东师大200名研究生、中青年骨干教师和老教授的调查，题目是"哪个学段对您成长影响最大"。结果表明，他们都认为，影响成才的第一学段是高中，占调查人数的50%以上。

抓住时机的学习，是起飞前的准备。而这种准备的细心和完善程度，将影响每个人起飞的方向、高度和持续性。

今天技术的变化是那么迅猛、无情，以致昨天是真实的，今天就突然变成了虚幻，连社会中技艺最熟练和最聪明的成员也承认，即使是在极为狭小的领域里也很难跟上新知识的洪流。

不发展新的知识就是扬弃旧的知识。无论哪种情况，都迫使与此有关的人重新组织他们贮存的形象，强迫他们今天重新学习昨天自认为已经掌握的东西。因此，美国约克郡大学副校长詹姆斯爵士说："我于1931年在牛津大学取得第一个化学学位。"但是他看了近年牛津大学的化学试题之后说："2/3的试题涉及我毕业时还没有的知识，我不仅不会做，而且以后也不会答出来的。"

按今日知识增长的速度计算，今天出生的孩子到大学毕业时，世界上的知识量将增加4倍，这个孩子50岁时，知识量将增加到32倍，而从他出生以来世界上全部知识的97%，已为人们所掌握。

要在变化很快的社会中立足，适应迅速而复杂的变化，个人就必须以和变化的节奏相对一致的速度，去改变自己已有的形象和原有的知识。要赶上时代，亦步亦趋地被动适应只会让人感到垂头丧气和束手无策，而主动学习将会使步调的跟随显得相对轻松。

时间是有限的，而一个人每天所要面临的事情是很多的，吃饭、工作、刷牙、扫地、会见客人等，如何抓住时间，发挥其无穷的作用，人们有着许多明确的答案，最重要的一点，就是珍惜时间，做出合理的时间安排。那么，如何才能做到这一点呢？

1. 忘掉过去

人年纪大了的时候，往往喜欢对孩子们讲述自己的过去，沉浸在过去的古老时光中。

然而过去，已经永远地逝去了，不会对你构成任何现实的帮助，就像我们用过的手纸，长久地沉迷于它，是毫无意义的。

美国著名的社会教育学家拿破仑·希尔说过这样一段话，来告诫那些沉湎于过去的年轻人。他说："过去的已经过去了，有好多东西在我们心中留下了巨大的烙印和美好的回忆。然而在那些古老的日子里，我们总是用一个大木桶洗澡，用的是在烧炭或烧煤的炉子上加热的热水。在那些古老的美好岁月里，我们的洗澡水就是在我们之前洗澡的人所留下的同一桶热水。如果在你之前洗澡的是你的叔叔，而且命运很会捉弄人的话——他是一位养猪的人，那么，你的衣领不会留下一圈污垢，反而你的身体会留下一身污垢，越洗越脏。在那些美好的古老岁月里，流行小儿麻痹、白喉以及猩红热、麻疹等可怕的疾病，那时候的人们也不曾听说过沙克疫苗这种东西。在20世纪40年代到50年代初期，在酷热的夏季里，我们竟然不敢到社区游泳池游泳，或是去电影院，因为我们担心会感染上小儿麻痹症，以致半身不遂、残废甚至死亡。"

拿破仑·希尔的这段话，就形象地说明了，昨天也并不全是美好的，对于社会中的人民、个人的成功来讲，回忆昨天只能处于瘫痪状态。

2. 善待今天

有一个古老的寓言，讲述的是寒号鸟的故事。

在古老的原始森林，阳光明媚，鸟儿欢快地歌唱，辛勤地劳动，其中有一只寒号鸟，有着一身漂亮的羽毛和嘹亮的歌喉，于是到处游荡卖弄自己的羽毛和嗓子。看到别人辛勤地劳动，反而嘲笑不已，好心的鸟儿提醒它说："寒号鸟，快垒个窝吧！不然冬天来了怎么过呢？"

寒号鸟轻蔑地说："冬天还早呢！着什么急呢！趁着今天大好时光，快快乐乐地玩玩吧！"

就这样，日复一日，冬天眨眼就到来了。鸟儿们晚上都在自己暖和的窝里安详地休息，而寒号鸟却在夜间的寒风里，冻得瑟瑟发抖，用美丽的歌喉悔恨过去，哀叫未来："抖落落，抖落落，寒风冻死我，明天就垒窝。"

第二天，太阳出来了，万物苏醒了。沐浴在阳光中的寒号鸟好不惬意，完全忘记了昨天晚上的痛苦，又快乐地歌唱起来。

有鸟儿劝它："快垒窝吧！不然晚上又要冻得发抖了。"

寒号鸟嘲笑地说："不会享受的家伙。"

晚上又来临了，寒号鸟又重复着和昨天晚上一样的经历。就这样重复了几个晚上，大雪突然降临，鸟儿们奇怪寒号鸟怎么不发出叫声了呢？太阳一出来，大家四处寻找，发现寒号鸟早已被冻死了。

这虽是一则寓言，但它讲明了在人的一生中，今天是多么重要，是你最有权力发挥或挥霍的，寄希望于明天的人，是一事无成的人，到了明天，后天也就成了明天。今天你把事情推到明天，明天你就把事情推到后天，一而再，再而三，事情永远得不到解决。只有那些懂得如何利用"今天"的人，才会用"今天"创造成功事业的奠基石，孕育明天的希望。

3.明确行动目标

有些非生理需要的事情，就难以判断哪些重要而哪些不重要了。比如说，A和B同时与你预定在八点钟约会，你与谁约会呢？这时候选择与谁约会，就要看你的目的究竟是什么了。你要找女朋友，而A约你正是这个意思，你会毫不犹豫地去与A约会；而你需要升迁，B约你也恰好是这个意思，毫不犹豫，你要去会见B。也就是说，你会根据自己的某些目标来确定行动，如果这两个方面你都没有兴趣，那就只好用抛硬币来决定了。

每个人都有自己的目标，有了目标，就会根据自己的目标，把自己一天中要做的事，分出一个等级来，然后才能有条不紊地一件事一件事地干下去。

许多成功人士都是这样。

牛顿，是物理学上经典力学的创始人，早期他为了事业不顾一切。有一次约了朋友吃饭，可是忽然间又想起了实验中的某个事情，马上跑到实验室去，沉浸在物理的海洋中。等他想起吃饭而跑回餐厅时，发现朋友因等不着他已经吃过了，他望着剩下的饭菜，才恍然大悟地说："原来我们已经吃过了，我还以为我没有吃呢！"

这就是一个具有明确目标的人为了事业而发生的可笑却值得深思的事情。

4. 事有轻重缓急

一天的事情有很多，有些是迫在眉睫的，而有些是可以暂时缓一缓的，也就是说，事有轻重缓急。

根据你的人生目标，可以把要做的事情排出一个顺序，有助你实现目标的，就把它放在前面，依次为之，把所有的事情都排一个顺序，并把它记在一张纸上，就成了事情表，养成这样一个良好的习惯，会使你每做一件事，就向你的目标靠近一步。

众所周知，人的时间和精力是有限的，不制订一个顺序表，你会对突然涌来的大量事务手足无措。

美国的卡耐基在教授别人时期，有一位公司的老板去拜访他，看到卡耐基干净整洁的办公桌感到很惊讶，他问卡耐基说："卡耐基先生，你没处理的信件放到哪儿呢？"

卡耐基说："我的信件都处理完了。"

"那你今天没干的事情又推给谁了呢？"老板紧追着问。

"我所有的事情都处理完了。"卡耐基微笑着回答。看到这位公司老板困惑的神态，卡耐基解释说："原因很简单，我知道我需要处理的事情很多，但我的精力有限，一次只能处理一件事情，于是我就按照所要处理的事情的重要性，列一个顺序表，然后一件一件地处理。结果，处理完了。"说到这儿，卡耐基双手一摊，耸了耸肩膀。

"噢，我明白了，谢谢你，卡耐基先生。"

几周以后，这位公司的老板请卡耐基参观其宽敞的办公室，对卡耐基说："卡耐基先生，感谢你教给了我处理事务的方法。过去，在我这宽大的办公室里，我要处理的文件、信件等，都堆得和小山一样，一张桌子不够，就用三张桌子。自从用了你说的法子以后，情况好多了，瞧，再也没有没处理完的事情了。"

这位公司的老板，就这样找到了处事的办法，几年以后，成为了美国社会成功人士中的佼佼者。我们为了个人事业的发展，也一定要根据事情的轻重缓急，制出一个顺序表来。我们可以每天早上制订一个顺序表，然后再加上一个进度表，就会更有利于我们向自己的目标前进了。

5. 多用你的脑

大家应该都有过这样的经历，当我们从几层楼上跑下来后，发现有一件重要的事情还没有办理，于是又"噔噔"跑上楼去，好不容易又下了楼，钻进出租车时，又想起门没有关，于是再次跑上楼去，反反复复，想节省一点儿时间结果却浪费了时间，并且害得双脚不停息地跑动很长时间。

这就是典型的盲动症。为什么不仔细地想一想呢？

对每一个行业的每一个人来讲，都应该在行动开始之前，在心里对事情有个预测，什么可行，什么不可行，需要花费多大人力和物力。做了这样的预测，你就可以有目的地支配事情的发展或掌握资金的动向和使用时机。如果事前没有详尽的计划，就会在事情进行到中途时，猛然发现缺少什么或根本不可行，结果浪费了人力物力，行动完全失败。

"谨慎思考"是一个很简单的概念，它深层的含义就不那么简单了。

　　20世纪七八十年代，改革开放在中国开始的时候，遭到了很多人的反对。有人认为，窗户打开了，苍蝇和蚊子都飞进来了，所以就要马上关闭窗户。这些人根本没有看到，窗户打开后，新鲜的空气流进来，明媚的阳光也照进来，窗外无限美好的情景也一览眼底。当初如果不搞改革开放，我们现在还不知在什么地方摸索呢！什么科技，什么民主，什么自由，恐怕根本没有保证。正是我们的党和国家领导人，高瞻远瞩，运用了他们的智慧，才使人们现在的生活成为现实。回忆现在和若干年前这种截然不同的生活水平，谁还抱怨中国不该在20世纪七八十年代实行改革开放呢？只有疯子。

　　关键的一点，就是用脑，用脑可以预测未来发生的事情，用脑可以减少行动的盲目性，那么，如何用脑来保证事情完成的效率呢？

　　首先，要划分类别。上学的学生都有一个经验，同样的一道数学题，可以用许多种方式把它表述下来，但无论怎样叙述，解决这个问题的办法只有一个。那么所有的这些问题，我们把它分作一类，而其他诸多的问题，也可以分作一类一类的，在解这些数学题时，对同类的问题，就可以用同一种方法。我们日常生活中的事情也一样，有些事情的处理方法是一样的。比方说，有人让你送几封信给别人，聪明的人会把所有的收信地址都看一看，而有一种人，则按照信封上的地址，一封一封地发送，结果有的人有两封信，他就得跑两次，白白地浪费了一趟时间。所以说，对每天应做的事情，划分类别，就可以加快处理事情的效率，节约有限的时间。

　　其次，要有取优原则。一个事情的处理方法是有好多种的，而每一种处理方法，都有自己的优点和缺点，如果善用大脑，取长补短，就会起到提高效率的作用。

最初的市场竞争，是在人的工作效率和人的数量上大搞竞争，美国的皮鞋制造商伍德，就是这种竞争中的取胜者。

伍德所处的年代，还是一个以手工制作为主要生产方式的年代，伍德凭借自己的努力，设计出花样繁多的最新皮鞋样式，一下子订单就像雪片一样飞来。而当时，伍德皮鞋作坊只有 18 个工人，累死也不可能制作出那么多双皮鞋，向别的工厂借吧，都要保护自己的利益，不可能借给他们，伍德为此伤透了脑筋，最后决定召开一个作坊会议，向大家摊开这些问题，征求大家的意见。

当伍德把问题摆出后，人们就开始发言了。有人认为要出钱向别的工厂去借，有人认为要退掉一部分订单。有一个年轻的制鞋工说，可用机器来代替人工，此话一出口，马上引来了人们的一致哄笑。伍德从这儿得到了启发，马上成立了一个研制机构，研究制鞋机器的问题，于是简单的制鞋机器就问世了。制鞋业也因此大大地提高了制鞋效率，伍德成为制鞋机器的主要受益人。

伍德就是在众多的建议中，采取了取优的原则，加快了制鞋速度，取得了成功，他的经验，我们不能不吸收。

我们不妨静下心来仔细想一想，一天中究竟要干些什么事情。可能要去参加一个会议，可能要在医院等候医生的诊断证明，也可能要排着长长的队伍去购买某些东西，那么，在乘车时，在等候时，在排队时我们能不能干些什么呢？

据实而言，这些时间是我们的空闲时间，是一个人身心放松的时间，但是如果你刚刚休息充分，还要在这些时间中再次休息，这不是浪费生命吗？这时候，利用好这样的时间，就会给一个人提供更多的事业成功机会。

鲁迅是中国的大文豪，在别人称赞他，问他取得成功的诀窍时，他坦诚地说："我哪有什么诀窍。我只不过是把别人喝咖啡和娱乐的时间都用在工作上罢了。"

无独有偶，中国有人利用空闲时间取得事业的成功，外国也大有人在。英国有个人自己开设了一家顾问公司，每年接待100多个客户，因此，他大部分时间都在飞机上度过，为了保持自己和客户间的良好关系，他每天都利用乘飞机的时间给客户写短笺，自己思考如何办好这件事情。长期这样下来，不但公司红红火火，与客户的关系日益密切，而且自己也养成了积极思考，战胜困难的良好习惯，成为英国商界的一颗新星。

他们的成功，就借助于他们有效地利用了空闲时间。事实上，不管一个人有多精明，办事效率有多高，总是有让你等待别人的机会，你可能错过了公共汽车、轮船、飞机；他可能碰上出其不意的节假日；你小心地计划某一件事，可因为汽车抛锚不得不等待几个小时。这些时间如果能被合理地利用，你就会向成功迈进一步。

当日事，当日毕

如果你连在小事方面也犹豫不决，为难下决心而痛苦，害怕选择到错误的方案，那你就要记着："犹豫不决几乎是你能犯的最大的错误。"如果你选择一项看起来比较好的方案，有信心地宣布出来，并且全速实行，你所得到的结果，通常比长期难以下决定而痛苦要好得多。

某些决定，例如要不要换工作，明显需要多多考虑，而不应该草率决定。但是可以获得的事实情况一旦得到了，就可以下决定，然后停止徘徊于利弊之间，才能把全部精力用于实现这个决定。

至于小的决定——我们每天都会面对到的各种寻常的决定——一般而言，下得越快越好。如果你要拖延到"全部"异议都克服以后才下决定，你就永远不能做好事情。

1.行动越快越好

一位40多岁的中年大学讲师说："论知识，我是精神贵族，论财富，我却是赤贫者。凭什么让我坐冷板凳挨穷？"

两位青年学生的对白：

"都什么年头了，我们还过得这般人模狗样，读书，读书，读个屁！再这样下去，我们穷得只剩下哲学名词了。"

"哲学名词有个鸟用，又不能当饭吃！当今是商品经济时代，我们学文史哲的只有眼睁睁地看着别人发财的份。我真傻，我为什么当初要选哲学这一专业，而且一错再错地读到今天。"

"为什么我只能抽劣质烟？又为什么我们身上只能穿着不入流的衣服？雀巢咖啡是什么滋味？KTV 包厢又是什么情调？这些究竟是为什么？！"

埋怨，埋怨，到处都是埋怨。

人们埋怨"文化滑坡"，人们埋怨"人心不古"，人们埋怨"官僚横行"，人们埋怨"为什么我不能发财"……

说实在的，世上确实有很多不公平的事，有很多值得埋怨的事。但是，如果我们回过头想想，世上根本不会有什么十全十美的事。如果我们一味追求完美，抱怨社会，抱怨他人，如果我们一定要等世上所有条件都完美后才开始行动，那么只好永远等下去了。有的人一辈子都干不了一件事情的原因正在于此。相反，有的人也对自己的现状不满，但他却起来行动，力求改变现状，而不是埋怨，结果行动者成功了，而埋怨者依旧一事无成。

吉恩快 40 岁了，他受过良好的教育，有一份安定的会计工作，一个人住在芝加哥，他最大的心愿就是早点儿结婚。他渴望爱情、友谊、甜蜜的家庭、可爱的孩子以及种种相关的事。他有几次差点儿就要结婚了，甚至有一次只差一天就结婚了。但是每一次临近婚期时，吉恩都因不满他的女朋友而作罢（那就是说，在犯下恐怖的错误之前还来得及补救）。

有一件事可以证明这一点。两年前，吉恩终于找到了梦寐以求的好女孩。她端庄大方、聪明漂亮又体贴。但是，吉恩还要证实这件事是否十全十美。有一个晚上当他们讨论婚姻大事时，未来的新娘突然说了几句坦白的话，吉恩听了有点儿懊恼。

为了确定他是否已经找到理想的对象，吉恩绞尽脑汁写了一份长达 4 页的婚约，要女友签字同意以后才结婚。这份文件既整齐又漂亮，看起来冠冕堂皇，内容包括他所能想象到的每一个生活细节。其中有一部分是宗教方面的，里面提到上哪一个教堂、上教堂的次数、每一次奉献金的多少；另一部分与孩子有关，提到他们一共要生几个孩子、在什么时候生。

他把他们未来的朋友、他太太的职业、将来住在哪里以及收入如何分配等，都不厌其烦地事先计划好了。在文件结尾又花了半页的篇幅详列女方必须戒除和必须养成的一些习惯，例如抽烟、喝酒、化妆、娱乐等。新娘看完这份婚约，勃然大怒。她不但把它退回，又附了一张便条，上面写道："普通的婚约上有'有福同享，有难同当'这一条，对任何人都适用，当然对我也适用。我们从此一刀两断！"

当吉恩先生向人讲述这段奇遇时，还委屈地说："你看，我只是写了一份同意书而已，又有什么错？婚姻毕竟是终身大事，不能不郑重其事啊！"

吉恩真是大错特错。他可以过分紧张，过度谨慎，但无论是婚姻，还是任何一件事情，你都不能吹毛求疵，以免你所订的每一种标准都偏高了。吉恩先生处理问题的做法，跟他对待工作、积蓄、朋友的交情，甚至每一件事情都很相像。

　　成功的人物并不会在问题发生以前把它统统消除，而是一旦发生问题时，有勇气克服种种困难。我们对于一件事情的完美要求必须折中一下，这样才不至于陷入行动以前永远等待的泥沼中。当然最好是有逢山开路、遇水架桥那种大无畏的精神。

　　当我们决定一件大事时，心里一定会很矛盾，都会面对到底要不要做的困扰。下面的实例是一个年轻人的选择，没有抱怨，而是立即去做，他终于大有收获。

　　杰米先生是个普通的年轻人，20多岁，有太太和小孩，收入并不多。

　　他们全家住在一间小公寓里，夫妇二人都渴望有一套自己的新房子。他们希望有较大的活动空间、比较干净的环境，小孩有地方玩，同时也增添一份产业。

　　买房子的确很难，必须有钱支付分期付款的头款才行。有一天，当他签发下个月的房租支票时，突然很不耐烦，因为房租跟新房子每月的分期付款差不多。

　　杰米跟太太说："下周我们去买一套新房子，你看怎样？"

　　"你怎么突然想到这个？"她问，"开玩笑！我们哪有能力？！可能连头款都付不起！"

　　但是他已经下定决心："跟我们一样想买一套新房子的夫妇大约有几十万，其中只有一半能如愿以偿，一定是什么事情才使他们打消这个念头，我们一定要想办法买一套房子。虽然我现在还不知道怎么凑钱，可是一定要想办法。"

　　一个星期后，他们真的找到一套两人都喜欢的房子，朴素大方又实用，头款是 1200 美元。现在的问题是如何凑够 1200 美元。他知道无法从银行借到这笔钱，因为这样会妨害他的信用，使他无法获得一项关于销售款项的抵押借款。

可是皇天不负有心人，他突然有了一个灵感，为什么不直接找包销商谈谈，向他借私款呢？他真的这么去做了。包销商起先很冷淡，由于杰米一再坚持，他终于同意了。他同意杰米把 1200 美元的借款按月偿还，每月 100 美元，利息另外计算。

现在他要做的是，每个月凑出 100 美元。夫妇两个想尽办法，一个月可以省下 25 美元，还有 75 美元要另外设法筹措。

这时杰米又想到另一个点子。第二天早上他直接跟老板解释这件事，他的老板也很高兴他买房子了。

杰米说："T 先生（就是老板），你看，为了买房子，我每个月要多赚 75 美元才行。我知道，当你认为我值得加薪时一定会加，可是我现在很想多赚一点儿钱。公司的某些事情可能在周末做更好，你能不能答应我在周末加班呢？有没有这个可能呢？"

老板对于他的诚恳和雄心非常感动，真的找出许多事情让他在周末工作 10 小时，他们因此欢欢喜喜地搬进新房子了。

这个实例可以归纳为三点：

（1）杰米的决心燃起灵感的火花，因而想出各种办法来实现他的心愿，而不是单纯忌妒那些住进新房的人却什么也不做。

（2）由此，他的信心大增，下一次决定什么大事时会更容易、更顺手。

（3）他提高了家人的生活水准。如果一直拖延，直到所有的条件都解决时，很可能永远买不起房子了。

席第先生代表着另一种类型，他不满现状，但他一定要等到万事俱备以后才去做，结果……

第二次世界大战之后不久，席第先生进入美国邮政局的海关工作。他很喜欢他的工作，但 5 年之后，他对于工作上的种种限制、固定呆板的上下班时间、微薄的薪水以及靠年龄资历升迁的死板的人事制度（这使他升迁的机会很小）越来越不满。

他突然灵机一动，他已经学到许多贸易商所应具备的专业知识，这是他在海关工作耳濡目染的结果。为什么不早一点儿跳出来，自己做礼品玩具的生意呢？他认识许多贸易商，他们对这一行许多细节的了解不见得比他多。

自从他想创业以来，已过了 10 年，直到今天他依然规规矩矩地在海关上班。

为什么呢？因为他每一次准备搏一搏时，总有一些意外事件使他停止。例如，资金不够、经济不景气、新婴儿的诞生、对海关工作的一时留恋、贸易条款的种种限制以及许许多多数不完的借口，这些都是他一直拖拖拉拉的理由。

其实是他自己使自己成为一个"被动的人"，他想等所有的条件都十全十美后再动手。由于实际情况与理想永远不能相符，所以只好一直拖下去了。

看来，埋怨，除了说明你自己无能外，不能说明别的了。

2.迅速改正自己的缺点

其实，我们在埋怨社会、埋怨他人的同时，更应该客观地、公正地认识你自己，应该认识到自己为什么不能很好地适应社会，为什么人家行而你却不行？

　　当林肯还是个年轻的律师时，因为一个重要的案件来到芝加哥，但是无人理会他。在芝加哥，那些年长有名的律师，都一致认为和一个外来的后生律师在一起合作会降低他们的身份。这些人自认地位崇高，除他们以外看不起任何人。他们把林肯完全抛在一边——无论去什么地方都不请他一同前往，也不和他一同吃饭。

　　林肯怎样面对这种情形呢？是否鼻子翘得比轻视他的人还高，想方设法报复呢？不，他并没有这么做。后来回到斯勃林菲尔德的时候，他说：“我到芝加哥才晓得自己所懂的是多么的浅薄，而我要学习的又是多么的多。”这种轻慢对他是一种刺激，促使他改进。后来他升到了很高的地位，而那些轻慢他的人还是一无长进。他做了美国的总统，那些律师还是无名的律师。他们的轻慢不过是为林肯预备了一级梯子，使林肯爬到荣誉的顶峰。

　　侮辱人的轻慢态度和朋友善意地开玩笑是不同的。但是，即使是开玩笑也可以指出我们的缺点来。

　　罗斯福懂得如何对付朋友们的玩笑。他借着朋友们的玩笑，把自己的身体锻炼好了，但是他并不幻想着自己的体力比当地的土人还要胜过一筹。他老老实实地承认他们比他要高超些。

　　有一天他在培德兰同几个人砍树清理出来一块空地建造房子，到晚上工作结束的时候，工头问他们一日工作的成绩如何。他听见一个工人答道：“皮尔砍了53株，我砍了49株，罗斯福咬下了17株。”罗斯福回想起他所砍的那些树真的好像海狸咬下来的一样，便禁不住笑起来。他老老实实地承认他砍的树实在是比不上他的同伴们。

还有一次，当罗斯福在培德兰开牧场的时候，他想猎杀白山羊。他听说在科亚比伦有一个会打猎的人，名叫维尔斯。罗斯福写信给他，请他做打猎的向导。

信的最后几句这样说："如果我出来打猎，你相信我会打着一只山羊吗？"

那个猎人的回信，就写在他的信的背面："如果你放枪的技术不比你写信的技术要好些，我相信你很难打着一只山羊。"

但是罗斯福仍旧回电请他做向导。

司退里16岁的时候，在一个大五金商号里做店员，这正是他所希望的一个职位。他的前途是光明远大的，他努力工作，各方面尽心学习，自己盼望着将来做一个成功的五金销售员。他以为自己是上进的，但是其上司却有不同看法。

"我不用你了，你是绝不会做生意的，还是到塞强铸造厂去做一个工人吧。你那种蛮力，除了做这种工作之外，没有什么别的用途。"

对于一个年轻人的侮辱，还有更甚于此的吗？被炒鱿鱼，这是何等的打击！然而他却始终以为自己工作得很好。那么，他是否预备到铸造厂去呢？他的头脑里是否充满了风和水等庞大的动力而不是思想呢？他受了很大的打击，他被打倒了。他的首次冲刺失败了，但是他重整旗鼓，决心要得到胜利。

"你可以辞退我，但是不能削弱我的志气，"他对那残酷的经理反抗说，"如果有一天我还活着的话，我也要开一个这样大的五金店。"

他的话并不是一种气愤的发泄而已。这个青年的第一次失败驱使着他不停地努力，一直到他成为全国最大的五金商品商之一。如果没有受这次打击，恐怕司退里永远只是一个平庸的销售员而已。在受打击之前，他以为自己的工作是很好的——这种自满足以消灭他那种求上进的刺激。他在那个粗鲁的经理处所受的打击，正是促使他上进的必要原动力。

有时要战胜一种不适当的自我满足，唯一的方法是受一次很重的打击。

美国汽车制造公司总经理威廉·伍定总以为自己是一个很伟大的演说家。他之所以会有这样想法也是理所当然的，因为他当过国会的议员，他的演说常常令全体听众拍手叫好。

有一天晚上，他对一群煤矿工人演讲，这班工人有些是外国人，有些是完全不识字的文盲。全厅挤满了人，似乎都极想听他的演讲。他很细心地预备了一篇自以为很好的演说词，他在讲，听众在拍手。直到最后，拍手的声音越来越大，他以为这次演讲十分成功。最后，这种热烈的欢迎几乎达到疯狂的地步，喝彩声长达 15 分钟之久。当他很高兴地坐下来时，他对旁边坐着的一个新闻记者说："他们似乎很喜欢我的演讲。"

那个新闻记者答道："你不知道这群听众之中只有三四个人会讲英文的吗？"

"那么，他们为何拍手呢？"伍定问。

"咦！难道你没注意到他们当中那个会说英文的人在认为应当拍手的时候，便发出一个信号叫其余的人拍手吗？"

讲到这件事，伍定最后说："我后来注意了第二个上台演讲的人，才晓得实际情形的确如此。而且那个懂英文的人似乎也不行，因为他往往在不该拍手时叫人拍手。如此我才晓得我一心只想到自己的口才和演讲，而毫未想到我的听众。"

我们往往很高兴地估量自己的成功，但是别人并不苟同我们的看法。

纽约电话公司的总经理麦卡罗因小时候被人开过一次最大的玩笑，才醒悟过来。那时他是一个幼稚的野孩子，他那种非常容易受欺骗的情况几乎远近驰名。他只知靠别人而且绝对地依赖别人，所以他自己毫不费心思索。他那时在火车站的车道上做各种零碎的工作。

7月一个大热天的下午，位于山岩与河流之间的西岸车站热得就像锅炉一样。有一个名叫比尔哥林斯的工头，叫麦卡罗去拿一点儿"红油"以备点灯之用。他说"红油"在离那儿1里远的圆房子里。麦卡罗很恭敬地听了工头的话，便一心朝着那个方向走去以便完成他的任务。到了圆房子里，他就向那里的人要"红油"。

"红油？"那里的职员十分奇怪地问，"做什么用的呢？"

"点灯用的。"麦卡罗解释说。

"啊，我知道了。"那个职员心中明白了，"'红油'在过去那个圆房子的油池里。"他说道。

于是麦卡罗又在那滚烫的焦煤小路上走了1里之远。那里的人告诉他"红油"并不在那里，而且不晓得究竟是在哪里，最好到站长办公室里去问问，于是，麦卡罗又抬起脚走了。在火热的太阳下，他就这么走来走去走了一整个下午。最后他觉察到不对了，便跑去问一个年老的工程师，这个慈祥的老工程师很怜悯地望着他说："孩子呀！你不知道那红光是玻璃映出来的吗？你现在回到工头那里去和他理论吧！"

那个工头不知道他是在和纽约电话公司将来的总经理开玩笑，也不知道这孩子将来手下所用的职工有6万人之多。麦卡罗得到这次教训后，就发誓以后绝不像呆子般被人玩弄了还不知道。他决心将来做事要把眼睛耳朵打开些，而且脑袋瓜也不再只是用来戴帽子。

麦卡罗得到了另一个很重要的教训——虽然不埋怨人，但绝不可太信任人。当然他也没有陷入另一个极端——对任何人都猜疑。

批评我们的人无论其动机是怎样的恶劣，都不应对人产生猜忌心理，以为人人都是自己的仇敌，这是相当危险的。

大人物难免也要受到不公平的批评、无理由的侮辱以及恶意的诽谤。人人崇拜的民权主义的偶像杰弗逊曾经毫无防备地被人用泥团打过。一个为公家做事的人，如果不受当时人们的侮辱和嫉恨，便不是一个政界的大人物。

人人都是有仇敌的，大人物所树立的仇敌恐怕要比一般人多。不过敌人的数目多少是无关紧要的，因为伟人常能利用敌人的攻击来更好地看清楚自己。

敌人的批评，多半是对的。可有些人无论自己对不对，总要设法替自己辩护，于是渐渐养成了一种总以为自己是对的观念。"硬着头皮的人总是那些思想简单智力有限的人。"

美国救生圈公司的副总经理兼美国航业救生公司的总经理查理·皮兹某次不得不开除一个很有希望的青年高级职员，因为他不能接受别人的批评。这个青年是由一个小徒弟升上来的，因为他的才干很好，而且受人欢迎，所以升职很快，一直升为该公司工程估价部的主任，负责该公司各项工程的估价。

有一天，一个速记员查出他的估算中算错了 2 000 元，于是把详情呈报上司。后来这件事传到皮兹那儿去了。

这位青年主任听说之后，勃然大怒。"这个速记员不应该检查我的核算。"他气愤地说，"他也不应提出来。"

"但是你承认你的核算错了，是不是？"皮兹问他。

"是的。"他说。

"然而你以为速记员还是不应该说出来，而公司应当受损失以免伤害你的威严吗？"

这位青年主任认为应当如此。

皮兹便规劝他。说他如果再这样做，就很难成为一个干大事的人。后来这件事渐渐在大家的脑海中消失。大约过了 1 年之后，这个青年主任报上去一个美国中西部某项工作的 20 000 元估价方案。其上司仔细校对他的核算，觉得这数目应当再加 1 倍。这事又呈到皮兹面前来了，于是皮兹再度叫他前来。但他却对皮兹说了这样的话：

"我知道你是怎么想的，你是想用这项工程陷害我。你因上次的事记恨我，于是这次特别请了工程师核算，故意扯我的后腿。我的计算是对的，你在蔑视我的能力。"

皮兹回答说："那么，好，你自己去请几个工程师来计算吧，看看结果如何。"

最后他承认自己的计算是错了，皮兹便对他说：

"现在我们只能各走各的路了，因为你不能接受公正的批评。"

像这名青年的这种态度，实在要不得。把自己的所有错处都归咎于别人，以为别人有意倾轧自己，并时时刻刻认为自己是完美无缺的。如果我们已是完美无缺的，便不必再求什么上进了。一个人一旦有了这种观念，他在世上将无任何地位可言。

别人的批评是极可贵的，可以显示出你正处于什么地位，但你切记不可在那个地位上停着不动。

别人批评你的时候，要欣然接受并作为你前进的向导，不可作为你失败的遁词。

要以客观的态度来衡量别人的批评，不要衡量其究竟伤害你到什么程度，或是别人批评你的动机究竟如何。

利用别人的批评看清自己的行为，看清自己究竟是对还是错。如果你是错的，便修正过来；如果你本来就是对的，便不必牵挂着别人批评而感觉不安。

听到别人批评的时候，不要养成一种感觉自己是受了羞辱的习惯。无论怎样，如果你的仇敌能指出一条路打破你的自负心，使你改进，那么，他实在是帮了你的大忙。

3. 立即开始你的致富行动

埋怨，是一种很复杂的心态。它既反映出你对现实的不满，同时也反映出你对现实的恐惧。埋怨者总希望在没完没了的埋怨声中，能走来一位"救世主"般的人物，一下子给他们一个完美的世界。事实上，完美的世界不是靠埋怨得来的，而是靠行动，靠立即的行动争取来的。

我们前面讲到的相当一部分青年知识分子整天在埋怨"为什么我不该发财"，到今天，他们依然没有发财，他们依然在发着与几年前同样的埋怨。相反，那些不再埋怨，投身于商海的青年学子，却已用自己的行动改变了自己的命运。他们中有的成功了，有的失败了。无论是失败，还是成功，他们都已经不再埋怨，因为他们认清了"埋怨没用，一切靠自己"的道理。

下海了的N君说："我们或许是被虚幻的光环圈得过久，对既定的一些规范从未作过反方向思考。从事某项事业越久，思维定式就越强，惰性也就越大。我担心，我们这帮远离社会现实的青年学子，真要被纸上的东西泡成木乃伊了。我真不明白，为什么偏偏要我们这些吃草的人挤出奶来？那些喝奶的人又去干什么？为什么要一味鼓吹蜡烛精神，毁我自己，照亮别人？谁来照亮我？"

W君，一位钻研元明清文学的硕士，此刻正有气无力地站在讲台上，台下100多名学生听得昏昏欲睡。为了筹办摩托车修理部，W君已一个月没有睡好觉了，整日忙着联系店面、零件、关系、执照等鸡零狗碎之事，大有"为伊消得人憔悴"的豪情。

H君，一位专教低年级基础写作课的高校青年教师，忽地"屈居下嫁"到两所中学兼高三补习班的语文课，每天4节，每节10元，再加上他原来的课程，直讲得他舌根发麻，而H君却对此津津乐道。

当他悠然地吸着"红塔山"的时候，大概他压根就没有想到过什么叫误人子弟。

夏日炎炎，烤得大地直冒烟。三五个青年学子正襟危坐在一棵树的树荫底下。一张破烂不堪的书桌面前悬挂着血红的暑期文化补习班和家教联系站的字样，他们脸上终日挂着善意的微笑，向每一个行人报以深沉的注目礼，那种渴求和礼仪的目光直令每一位从此经过的人都要佯装询问一番。不知道他们的暑期文化补习班办得怎么样，也许他们每个人至少兼了4个家庭的教师，每个家庭分别去1至2晚，可得家教费60~100元不等。一个月下来，可得一笔丰厚的家教酬金。这对寒酸的学子们来说，的确充满着诱惑。

M君毕业于名牌体院武术专业。他选择了当代经商潮中特有的职业——保镖。去年夏天，他随一位服装个体户去了一趟深圳、海口，一个星期下来，净赚1000元。随后他看到保镖市场特别红火，果断地抛弃了N学府体育教师的职位，大大方方、彻头彻尾地下海了。

X君则充分利用自身的有利条件，把钱赚得体面文雅。X君是教英语本科函授班的教师，并兼班主任。他看准一个编写中学英语复习资料的课题，组织本班学员20人为编写组，自任主编。每位参加编写者负责包销1000本，多多益善，多劳多得。"资料集"在一周内就编完，然后私下买个书号，顺顺当当地把书出了。X君只此一锤子就吃了个大胖子。至于"资料集"是否有用，是否会影响中学生的正常学习，就不是X君他们所要考虑的了……

茫茫人海，到处显露着知识分子渴求致富的身影，悠悠寰宇，充溢着青年知识分子下海经商的喜悦、苦闷、欢歌与叹息。

C君毕业于某大学计算机专业，供职于一家电子计算机研究所，专业对口，领导器重，一派好兆头。1988年，他毅然辞去公职，打起办公自动化公司的旗号，身兼经理、业务主办和推销员于一身。1年后，C君神采飞扬地跨上了SUZUKI，引擎的轰鸣碾碎了昔日同行们的疑虑、攻击和鄙视的神态。这时，C君又扩大再生产，瞄准软件市场，开发了一个又一个实用软件。如今，C君已是远近闻名的"软硬兼施"的行家里手了。但他仍不满足，拿他自己的话说，我现在赚钱纯粹是出于一种个人嗜好。

与C君相比，L君可谓是寒酸和落魄的了。在迫不及待而又无可奈何的情况下，他操起了季节性的贩卖水果的行当。夏日一个黑灯瞎火的夜晚，L君在校园里秉烛卖西瓜。他的装束和面容完全没有古典文学硕士的那种气质。在L君的双人房间里，地上躺着一堆花里胡哨的化妆品、洗发膏之类的样品。L君每天在恰当的时候，用蛇皮袋兜着样品，招摇过市，叩开一个个商店大门。而以往与他终日厮守的线装书，此刻宣告进入漫长的冬眠期。当L君远在N市的导师得知这些情况时，直气得鼻头发白，先是痛感L君的堕落，继而大叹世风不古，斯文扫地。

Z君是从大西北高等学府学成出来的，在"胜利大逃亡"来到南方都市学府后，一样受到金钱的残酷压迫。Z君先是充当图书出版的掮客，通过各种关系，寻来辞书、词典、复习资料等撰写任务，再通过不同的渠道分派给别人写，自己却稳坐抽成，几年下来美美地赚了一笔。后来有一天忽然良心发现，认为赚知识分子的血汗钱实在于心不忍，在百无聊赖的情况下，加入了炒股大军，然而出师不利，被拦腰斩了一刀。

后来，Z君又与某官方金融机构合作，在"房地产热"中大大地捞了一把。现在，他已是一位注册资金为数千万元人民币的公司老总了。

行动是你改变现状的捷径，而埋怨只能消磨你的斗志，击退你的信心。埋怨是你不敢争取行动的借口，是来自内心恐惧的借口。

行动本身会增强信心，埋怨只会带来恐惧。克服恐惧最好的办法就是行动。

要增加恐惧感的话，只需埋怨、等待、拖延、推托就可以了。

伞兵教练说："跳伞本身真的很好玩，让人难受的只是'等待跳伞'的过程。在跳伞的人各就各位时，我让他们'尽快'度过这段时间。曾经不止一次，有人因幻想太多'可能发生的事'而晕倒，如果不能鼓励他跳第二次，他就永远当不成伞兵了。跳的人拖得越久越害怕，就越没有信心。"

"等待"甚至会折磨各种专家，让他们变得神经兮兮。《时代杂志》曾经报道美国最有名的新闻播音员爱德华·慕罗先生。以前他在面对麦克风时总是满头大汗，一开始播音以后，所有的恐惧就都没有了。许多老牌演员也有这种经历，他们都同意治疗舞台恐惧症唯一的良药就是"行动"，立刻进入情况就可以解除所有的紧张、恐惧与不安。

一般人应付恐惧最常用的方法就是"不做"，或是埋怨这、埋怨那，即使是最老练的推销员也难免如此。他们为了克服恐惧，往往在客户附近徘徊犹豫，要不然干脆找个地方一杯又一杯地喝咖啡来培养自信与勇气，这样根本没有效果。克服恐惧——任何一种恐惧——最好的办法就是"立刻去做"。

你害怕电话访问吗？马上去打电话，你的恐惧便会一扫而光，如果你仍旧拖拖拉拉，就会越来越不想打。

你是不是不敢做一次全身健康检查？只要你去，所有的疑虑都会消失，你可能什么毛病也没有。万一有，也可以及早发现。如果不去检查的话，你的恐惧会越来越深，直到真正生病为止。

你是不是不敢跟上司讨论一个问题？马上找他讨论，这样才会发现根本没有那么恐怖。

建立你的信心，用行动来消除烦恼。

有一个野心勃勃却没有作品的作家说："我的烦恼是日子过得很快，一直写不出像样的东西。"

你看，他说："写作是一项很有创造性的工作，要有灵感才行，这样才会提起精神去写，才会有写作的兴趣和热忱。"

说实在的，写作的确需要创造力，但是另一个写出畅销书的作家，他的秘诀是什么呢？

"我用'精神力量'。"他说，"我有许多东西必须按时交稿，因此无论如何不能等到有了灵感才去写，那样根本不行。一定要想办法推动自己的精神力量。方法如下：我先定下心来坐好，拿一支铅笔乱画，想到什么就写什么，尽量放松。我的手先开始活动，用不了多久，在我还没注意到时，便已经文思泉涌了。"

"当然有时候不用乱画也会突然心血来潮。"他继续说，"但这些只能算是红利而已，因为大部分的好构想都是在进入正规工作情况以后得来的。"

"明天""下周""以后""将来某个时候"或"有一天"，往往是"永远做不到"的同义词。有很多好计划没有实现，只是因为应该说"我现在就去做，马上开始"的时候，却说"我将来有一天会开始去做"。

我们用储蓄的例子来说明好了。人人都认为储蓄是件好事，虽然它很好，却不代表人人都会依据有系统的储蓄计划去做。许多人都想要储蓄，但只有少数人能真正做到。

这里是一对年轻夫妇的储蓄经过。毕尔先生每个月的收入是1000美元，但是每个月的开销也要1000美元，收支刚好相抵。夫妇俩都很想储蓄，但是往往会找些理由使他们无法真正开始。他们说了好几年："加薪以后马上开始存钱""分期付款还清以后就要……""渡过这次难关以后就要……""下个月就要""明年就要开始存钱"。

最后还是他的太太珍妮不想再拖。她对毕尔说："你好好想想看，到底要不要存钱？"他说："当然要啊！但是现在省不下来呀！"

珍妮这一次下定决心了。她接着说："我们想要存钱已经想了好几年，由于一直认为省不下来，才一直没有储蓄，从现在开始要认为我们可以储蓄。我今天看了一个广告，如果每个月存100元，15年以后就有18 000元，外加6 600元的利息。广告又说：'先存钱，再花钱'比'先花钱，再存钱'容易得多。如果你想储蓄，就把薪水的10%存起来，不可移作他用，我们说不定要靠饼干和牛奶过到月底，只要我们真的那么做，一定可以办到。"

他们为了存钱，起先几个月当然吃尽了苦头，尽量节省，才留出这笔预算。现在他们却觉得"存钱跟花钱一样好玩"。

让我们时时刻刻记着班哲明·富兰克林的话："今天可以做完的事不要拖到明天。"

这也就是我们中国俗话所说："今日事，今日毕。"

如果你时时想到"现在"，就会完成许多事情；如果常想"将来有一天"或"将来什么时候"，那就将一事无成。

学会适应环境

"物竞天择，适者生存"，这是自然界生物进化的基本规律。这一优胜劣汰的自然法则也极其适合人类社会的发展。大可以追溯到一个个大时代的更迭，例如奴隶社会取代原始社会、封建社会又取代奴隶社会等都是优胜劣汰的必然结果。小的方面我们可以把其缩小到组成社会的个体单位——人本身。人类靠着自己较强的适应性而战胜了地球上一切生命，成了这个星球的主宰，而具体到人与人之间，这种优胜劣汰的自然现象更是比比皆是，例如一个个朝代的替换，一个个政权的更迭，甚至小到一个群体或两个人之间，只要有利益上的纷争，便离不开竞争，竞争的结果当然也符合上述规则。

如今，在这个社会急剧变革的年代里，一切的一切都已经发生或正在发生翻天覆地的变化。传统势力、习惯势力让位给进步势力是历史的必然，因为它们已经极其不能适应当今社会了。而处于这个社会里的人，更是感到了前所未有的危机与挑战：生存危机、道德危机、信仰危机等。

面临这些危机，我们必须学会自己走出危机。即使你暂时没有面临这些危机，如果你不练就一身适应一切的真实本领，总有一天你会输得一败涂地。

作为一个渴望成功的人，又如何练就适应生存的本领，去营造自己成功人生的大厦呢？

1. 新物竞天择时代

未来的时代是动荡的时代，是变化的时代。如果你无法适应这种变局，那么，你将面临巨大的危险。世界著名的奔驰公司总部办公室挂着一大幅橘黄色的恐龙图片，图片底下有一段文字："历史上充满了不会适应变化的庞然大物。"显然，如果不能适应变化、竞争，无论你看起来多么强大，都会有被淘汰的危险。

在我们中国，坐落在北京西郊，被誉为"中国硅谷"的中关村"电子一条街"上，几乎每天都有公司在倒闭、在开业，几乎每家的店面都是换了一茬又一茬。当你从这里某家公司买回某件产品后，过些日子再来，或许这里早已面目全非，门口赫然挂上了别人的招牌。

从这里，我们可以窥见市场经济竞争的缩影：适者生存，不适者淘汰。

市场经济的竞争是残酷的，不留情面的，弱者的命运必然是被淘汰。继"中国纸王"石家庄造纸厂厂长、中国首届全国优秀企业家马胜利商界失利以及史玉柱"巨人"倒塌后，另一位华厦商界巨子——"亚细亚"总经理王遂舟成了中国市场经济浪潮淘汰下来的又一粒"沙尘"。

王遂舟的"发迹"源于1991年4月的一次北京会议。1991年4月，王遂舟参加了由《中国商报》和"中国商业文化筹备组"组织召开的"商业文化研究会暨部分省市商业厅局长座谈会"。会议规格之高，云集精英人物之多，全然出乎王遂舟意料。出席这次会议的不但有商业部前部长胡平，各省市负责商业工作的政府官员，而且还有于光远、汤一介等一大批著名学者。

会议主持者破例让王遂舟侃侃而谈。众多政府官员和学者被他的创业经历和体会所倾倒，无数次击掌叫好，鼓励他把"亚细亚"的故事一说到底。由于媒体的渲染和一轮盖过一轮的妙作，王遂舟名声大振。

在机会面前，王遂舟很好地把握住了自己。其一手策划发动的"亚细亚现象"还在 1989 年夏天，给平淡的中国百货零售业带来了一炷希望之火，并点燃了河南省在郑州建构中国商贸中心的火炬。这炬的冲天火光，在河南令人刮目相看，当然，中原乃至全国的"商战"序幕也就此拉开。

但是，王遂舟最终还是不能把握自己。尤其是在荣誉、桂冠、花环像锁链一样束缚全身的时候，头脑发热的王遂舟，朝着一个不可知的方向冲撞而去。与此同时，一个野心勃勃"统治全国"的"亚细亚"连锁经营计划在王遂舟那颗与众不同的头脑中脱颖而出。在他的思维世界里，"亚细亚"不但要占据河南全境 18 个地市，而且，还要占据全国省会级以上城市和奥运会举办到的每一个国际都市。

据不完全统计，自 1993 年以来，"亚细亚"以全国乃至全世界商业前所未有的发展速度，在全国各地建立了 20 多家连锁商场。对于这种疯狂式的商业扩张，连疯狂的八佰伴也望尘莫及。但王遂舟就这样疯狂地做了，一向紧跟其后的新闻媒体也疯狂地炒作了，或者说传媒的不断炒作更进一步刺激了王遂舟的扩张心态。

盲目扩张下的多资金来源渠道导致"亚细亚"连锁经营体系大规模裂变，并催生了一个与"亚细亚"完全不同的崭新名号——仟村百货，几乎所有非"亚细亚"董事会出资的连锁店都改名换姓变成了"仟村百货"。当然仟村百货的前景也不妙，这里暂且不论。

如果说这种反客为主的易帜做法是因为钱非己出，王遂舟还可以接受，那么，裂变后的一连串失败则是王遂舟始料不及的。

最后，"亚细亚"进军全国和世界的梦想正式宣告破产。

由疯狂扩张到疯狂失去，王遂舟精心构筑的"亚细亚梦想"从开始到破灭，前后不过4年。

无可奈何花落去。淡出江湖的王遂舟终于有了更多的时间和精力来读书学习。唯有学习才能不断充实自己，唯有读书才能提高自己。不论以后是否重出江湖，是否像人们想象的那样东山再起，王遂舟都是一本书，一本可以让人咀嚼且反思的大书。

"适者生存，不适者淘汰"，对企业如此，对社会中的每一个个体也是如此。有人在市场经济的残酷竞争中脱颖而出，成为时代的强者；而有人则适应不了竞争的残酷，沦落为竞争的牺牲品，甚至选择"自杀"的方式，以逃避竞争。

她，山东人，某名牌大学历史系学生，校学生会副主席，有相当强的从政才能，却在毕业前自杀。她热情聪明，乐于助人，很得师生喜爱。入学不久，她便脱颖而出。她的口才和风度，给许多人留下了鲜明的印象。系领导鼓励她好好干，并暗示以后会有一份好工作等待着她，因此她更加努力学习、工作，说话。

毕业那一年，市场经济的大潮席卷而来，通过几次联系工作，她突然发现自己是那么缺乏准备，而学校推荐她参加行政机关采用考核，又被其他人挤掉了。前途的渺茫，找不到好工作的耻辱，终于把她推向了绝路。

她的自杀，是因为以前太顺利了，她自视过高，以致经历一点儿挫折，就看不到自己的优点。其实，市场经济，相对于计划经济，更富有机遇和挑战性，但是，市场经济也是无情的，优胜劣汰，适者生存。

兰，高干子女，母亲是中学语文教师，父亲是某省副省长。曾经历尽坎坷的父母，对独生女要求很严格。兰读高中时，妈妈因病去世了。爸爸工作忙，经常不在家。兰性格孤傲，不喜与人交往，常一个人待在家里，读书学习。她爸爸也爱读书，父女俩经常一起探讨社会问题、哲学问题。她非常敬爱自己的爸爸，认为爸爸与他周围的那帮脑满肠肥的官僚不同，他有思想，有兼济天下的情怀。1994 年，兰考入离她家不远的某大学哲学系。她学习用功，很有见解，被视为女才子。系领导甚至学校领导也很关心她。她鄙视这种"关心"，认为这与她爸爸有关。

1996 年，她爸爸因涉嫌贪污而被反贪局双规。她怎么也不相信这是事实，她的精神支柱垮了。而此后的人情变幻、世态炎凉，更让她觉得这是一个污浊卑鄙的世界。于是，在一个深秋的夜晚，她跳水自尽了。

璀璨的社会是一个急剧变化的社会，而对许多大学生来说，他们仿佛生活在一个与世隔绝的绿洲上，因而一旦巨大的变化发生，他们的精神世界就崩溃了。于是，一朵刚刚绽开的生命花朵，就这样殒落了。

不能适应变化的人或组织，必然会被淘汰出局，这是社会发展的客观规律。那么，适应变化的就必然能生存下去吗？

让我们先来看一个实验：

如果你把青蛙放入沸水中，那么它会立刻跳出；如果你把青蛙放入温水中，而且不去惊吓它，那么它会待在那里不动；然后你开始慢慢加热，当水温逐渐升至 21 ～ 27℃时，青蛙依然待在那里不动，甚至怡然自乐——它已经很适应这些微弱的变化了。然而可悲的是，当水温越来越高，青蛙也逐渐变得虚弱，直到最后不能动弹。在给水加温的过程中，并没有限制青蛙跳出，然而它竟然待在那里直到被煮熟。为什么会这样呢？因为青蛙的生理感应器官只能感应出激烈的变化，对缓慢的变化却无能为力。

以上便是彼得·圣吉在《第五项修炼》中谈到的"煮青蛙"实验。我们人类在很多时候和青蛙一样，对突如其来的激烈变化能够做出相应的反应，而对那些缓缓而来的致命威胁却习而不察。

看来不仅是不适应者被淘汰，即使是"适者"在很多时候也可能会遭受致命的打击。未来的时代不仅有着激烈的变化和动荡，而且会充满着许许多多微妙的变化，如果我们不能学会认识身边的变化并采取相应的对策，那么不管我们能不能适应身边的变化并采取相应的对策，结果都是难以让人满意的，因为在变化过程中，我们如果仅仅是去被动地适应，那么我们将失去控制变局的主动权。

因此，对于变化，有两条可供我们选择：一是控制这些变化；二是对变化做出反应。后一种处理方法常常导致失控，产生消极后果。要永远记住：你能勇敢正视的事，你便能控制；你不能勇敢正视的事，将控制你。

2.与人为善，适应他人

有人说："要想战胜他人，就得适应他人。"其实，更恰切的说法是："要想取得成功，必须适应他人。"

适应他人，这话说起来相当容易，可真要做起来，可就远非易事了。

有一次，小郑和他的上司外出办事。上司人很好，有许多值得他借鉴的优点，可是他也有一个不为常人知道的小小缺憾，就是晚上睡觉爱打呼噜，对他自己来说可能影响不大，可对于和他共居一室的小郑来说就近乎折磨了。然而因为他是上司，后来小郑只能慢慢学着适应他。随后几天，小郑开始体谅上司的苦恼。为这点儿缺憾，上司没少遭到妻子的冷落。而对他来说，这一切又不是故意的，并不是他的错。说来也怪，当小郑替他的上司着想时，上司的鼾声并没有给他后来的几天造成多大的折磨，他甚至有些羡慕他的上司睡得那样香甜，从心理上适应了他。当你把一个人的缺点都适应了之后，你肯定会很快接受他。此后，小郑和上司成了很好的朋友，上司给予了他许多帮助和关心，小郑也逐渐在公司站稳了脚跟，一切都很顺利。

其实现实生活中这样的例子不胜枚举，所谓"金无足赤，人无完人"，就是这个道理。谁人没有点儿不如意！甚至在挑剔别人的同时，我们不妨先看看自己，自己就完美无缺吗？绝对不是！如此，我们为何不学一学适应他人的本领呢？我们又该如何去适应他人呢？

（1）虚心学习

我们常说"尺有所短，寸有所长"，尽管每个人身上都有难以克服的缺点，但更重要的是他们每个人身上都有闪光的亮点，我们有了心胸宽广的品质后，自然应该虚心学习别人的长处，借鉴他人的经验，这才是成功人士能够立于不败之地的法宝，如何才能把他人的专长学到手，这才是适应他人的关键。

①自认无知

学习他人的一个最重要的方法是自认无知。对于大多数人来讲，这样做很难。因为人人都有虚荣心，不愿意承认自己无知。恰恰是这些虚荣心变成了你前进道路中的最大障碍，如果你坚持认为自己多么有本事，如何有才能，你的话都可以成为权威和经典，那么你只会遭到别人的唾弃。相反，如果你能承认自己的无知，反而容易引起别人的共鸣，从而得到别人的支持与帮助。一再重复无知的谎言只能让你越来越被动，越来越出丑，就像"皇帝的新装"，受到伤害的只会是你自己。

承认无知吧！你会获取他人意想不到的帮助，这帮助肯定有助你创造成功人生。

②学会倾听

俗话说："忠言逆耳利于行。"假如我们能够放下虚荣心，认真听取别人的意见，肯定能够从别人的意见里，发现自己的许多弊端，这些弊端又是达成成功人生所必须克服的，所谓"以人为镜"正是这个道理。

你一定要记住："知道怎样听别人说话，以及怎样让他开启心扉谈话，是你制胜他人的唯一法宝。"

人的能力毕竟是有限的，肯定有许多东西是我们个人所无法了解的，通过倾听别人的谈话我们可以获取许多有用的信息，可以分享他们的知识和经验。而你所得到的是别人的好感与支持，哪儿有人喜欢别人总是驳斥自己呢？

对于大多数人来讲，一生中大多数经历是容易忘怀的，记忆中深深烙下的往往是刻骨铭心的经验，所以如果你能有幸倾听他那最宝贵的东西，无疑会极大地丰富自己。

学会倾听，绝对不是一言不发，那样对方马上会感觉在对牛弹琴，索然无味，因此更确切地说，你应该学会引导对方谈话，诱导他说出他想表露的一些真实的东西和看法。

由于虚荣心理，许多人害怕别人发现自己的不足，害怕会遭到拒绝。要想让对方开启心扉，首先应该让他消除自己的顾虑。一旦别人发现和你在一起很安全，而你又打心眼儿里赞赏他时，他便可能向你开启心扉。每个人都需要与他人分享感受，可又害怕一旦向人表白，会得不到共鸣，甚至被人看作悲惨、残酷和自私。假如你相信自己也是自私的，对别人冒犯你的个别行为，站在同一立场上，即使不能接受，也应加以考虑。因为人们的基本情感都是大同小异，无非爱、恨、恐惧等，甚至还不时掠过一些罪恶的念头。接受这些并不可怕，因为这才是人的本来面目。

如果你能做到这一点，便在无形之中赢得了对方的心，因为对方会觉得自己的情感有人理解，便会全身心地支持你。这将对你的成功起到不可估量的帮助。

当然，有一点值得你注意，当别人向你吐诉心声后，往往期待你能为他保守秘密。你绝对不能以此为条件去要挟他，更不能随意地把他的经历告诉别人，一旦他发现你粉碎了他对你的信赖，你会永远失去他的支持。

③肯定他人的长处

虚心学习他人最重要的一条是肯定他人的长处。当我们真心实意地向他人学习时，首先应该对别人的长处加以肯定。前文我们已经说过，每个人身上都有闪光的亮点，每个人都期待别人发现并欣赏他的闪光之处。一旦你能够做到这一点，相信他会把这些东西展现给你。因为大多数人都有一种共同的心理，期待别人的肯定和赞赏。所以他不可能对自己的长处加以隐藏，他甚至还加进些炫耀的成分在里面，你都可不必理会，给他一个展现的机会吧，你不仅仅是给了他一个机会，你更多的是得到了他许多智慧的结晶，这些对你的一生都将有着极大的帮助，是你克敌制胜，勇往直前的法宝。

（2）帮助他人

前面我们讲述了在这个纷繁复杂的社会里学会适应他人的三个主要方法，我们知道，凡事都是相互的。适应他人固然要心胸宽广和虚心学习，但如果只是单方面地去适应他人，而他人对你难以适应，则仍然无法得到他人的支持与帮助，因此，还必须有另一种能力，就是还要具备帮助他人的能力和习惯。

　　有人说："适应他人就是为了战胜他人。"其实这话不尽然。参与竞争，出人头地，达到成功固然是每一个人的奋斗目标，但是不要忘了真正的个人成功里还有一条是人际关系方面的成功，人在通往成功的路上更多的是战胜自己而不是战胜他人，更多的是与他人相互合作而不是相互争斗。我们所说的竞争是合作前提上的竞争，是竞争与合作的对立统一。试想，纵然你获取了万贯财产，可是由于品行问题搞得众叛亲离，成了孤家寡人，哪里有一点儿幸福感可言？成功与幸福始终是伴随而行的。没有幸福的个人成功绝不是真正意义上的成功。

　　因此，我们所说的竞争对事不对人，朋友之间在事业上可以竞争，但在生活中还是好朋友，甚至一家人之间也存在竞争，但更重视的是合作，可以说，人来到世上，离开合作，谁也无法生存。因此，我们一方面提倡自助，另一方面主张得到他人的帮助与帮助他人。我们不能单纯为了小范围内的个人利益相互竞争，我们应该为了大范围内的共同利益而共同合作。帮助他人才能得到他人更多的帮助，就像理解他人才能够得到他人的理解一样。

　　①要有同情心

　　人在世上，难免会有不如意的时候，有时甚至会遭受很大的打击，在这种时候，没有人会拒绝别人善意的帮助。"君子不乘人之危"是说正义的人不会在这个时候再给他人伤口上撒一把盐，把别人置于死地。我们主张君子是指在别人处于危难之时，能够挺身而出，伸出援助之手。电影或小说中经常有一些这样的片段：两个本是对手的人，一方落难后得到另一方的救助，而后两人成了亲密的朋友。敌人之间尚且如此，更何况大多数人是我们的朋友，因此，保持一颗同情心至关重要。救人一时之急，会得到他人一世之爱戴，何乐而不为？

当然，救助或帮助他人是要暂时付出代价的，但是如果从长远利益来看，这点儿个人利益的牺牲是微不足道的。

大家都知道"马歇尔计划"，如果当时美国只考虑自己眼前的利益，不拿出那么多钱来振兴西欧，它会长时间保持霸主地位吗？它的计划一方面帮助了欧洲各国，更重要的是另一方面它开拓了国际市场，繁荣了国内市场，使他国的经济有了良性发展的大环境。

再如我们今天熟知的微软公司，他们在竞争与合作这方面就高人一筹。当年微软和苹果争雄时，因为微软公司"兼容"，允许各大电脑厂商使用自己的操作系统而使自己迅速发展壮大为世界软件业巨头，相反，苹果的不兼容则使自己的路越走越窄。

俗话说"与人方便，与己方便"，今天你投之以桃，别人也许不会马上报之以李，但总会记住你的好处，并在你不如意时给你以回报。退一万步来说，你好心帮助别人，他即使不会报答你的厚爱，但有一点可以肯定，他日后不会做不利于你的事情。如果大家都不做不利于你的事情，这不也是一种极大的帮助吗？

保持一颗同情的心，在别人需要帮助的时候，伸出友爱之手。

②主动给人找台阶

生活中随处可能遇到尴尬事儿，处于尴尬境地的人一定会觉得颜面尽失，在这个时候如果你能为他找一个台阶下，不但能立刻博取对方的好感，而且也会为你建立良好的社交形象。

1953年，周总理率中国政府代表团慰问驻旅大的苏联军队。在我方举行的招待宴会上，一名苏军中尉在翻译周总理讲话时，译错了一个地方，我方代表团的一位同志当场做出了纠正。这使周总理感到很意外，也使得在场的苏联驻军司令大为恼火。因为部下在这种场合的失误使他很没面子，他马上走过去，要撕下中尉的肩章和领章，宴会厅里的气氛顿时紧张起来。这时，周总理不失时机地给对方找了一个"台阶"，他温和地说："两国语言要做到恰到好处地翻译是很不容易的，也可能是我讲得不够完善。"并慢慢重复了译错的那段话，让翻译仔细听清，并准确地翻译出来，缓解了紧张气氛。总理讲完话后在同苏军将领、英雄模范干杯时，还特地同翻译单独干杯。苏驻军司令和其他将领看到这一景象，在干杯时眼里含着热泪，那位翻译被感动得举着杯久久不放。

这个故事告诉我们，在社交场合中，一定要给别人面子和"台阶"，因为此时他的自尊心和虚荣心都特别强烈，如果你能帮他保住面子，维护尊严，他会对你产生非同一般的好感。而这些，对于你的今后，都会产生深远的影响。

适应他人，帮助他人，然后被人适应，受到别人的爱戴与支持，这是人在这个竞争社会里的立足之本，更是实现个人成功的必备手段之一。试想，如果连周围接触的人都适应不了，又如何能够受人爱戴与尊重？又如何能够获取别人的帮助与支持？又如何能够实现竞争与合作并达成成功的人生呢？

3. 适应环境求发展

一个人不可能总是生活在同一个环境中，即使是生活在同一个环境中，环境也会时常发生变化，如果不能适应环境的变化或者适应新环境，则只能归于失败。前面我们所述的"煮青蛙"一例便是很好的明证。相传在洛杉矶生活的中国人总遭劫匪，是中国人比美国人或其他国家人更富裕、更有钱吗？非也。究其原因，是国人的适应性太差。因为美国社会崇尚自然和高效率，所以一般美国人并不戴名贵的首饰或物品，身上也不携带现金，出门消费用信用卡支付，才去洛杉矶的中国人很难适应这一习惯，女士们总是把名贵首饰戴在身上，而男士们除了戴金表外还随身携带大量现金，似乎不这样就不足以显示自己富有似的。其实说穿了，在美国的中国人中富人还真少得可怜。铤而走险的歹徒也许摸清了中国人的这种心理，所以频频袭击中国人。当然，这里面还有其他因素，可不适应新环境是其中的最大因素。一个人要想营造成功人生，一定要有适应环境变化以及适应新环境的能力，否则必将遭遇青蛙或洛杉矶华人的命运。我们应该如何学会这种适应能力呢？换句话说，我们应该如何练就这种可塑性呢？下面我们将从工作环境、生活环境以及社会环境三方面来论述这个问题。

（1）适应工作环境

有人说："树挪死，人挪活。"还有人说："此处不留爷，自有留爷处。"其中尽管有诸多合理的成分在里面，但总感觉仍然是个人的适应能力欠佳之缘故，是金子总会发光，至于什么时间发光完全看个人的适应能力问题。

B 在大学毕业后去了一家外资企业，和他一起加盟的还有不少才华横溢的大学生，可不到半年就开始有人跳槽，到 B 考上研究生离开公司时，和他一起去的同学已差不多走完了，而他们频繁地更换工作也并没有给自己带来多少收益，因为外企的加薪制完全是看你能否为公司发展做出贡献来定的，不要说加薪了，干不到 1 年就离开公司的人连年终奖金都拿不到，那可是一笔不小的收入。

有人说，不断跳槽可以锻炼人生存和适应能力，如果真是这样的话，代价也稍显沉重。如今，还有一些人在不断跳槽，似乎这东西也有"成瘾性"。他们动辄就拿"美国人怎么怎么"来吓唬人，真不知道这种超前意识给他们带来了什么好处。一生之中换几个工作环境不足为奇，而一年之中就更换几个，连美国人自己都感到吃惊。

这明显是一种适应能力的问题，那么应该如何适应工作环境呢？

①不要过分看重自己

不少才参加工作的大学生，总是踌躇满志，渴望在好的工作岗位上一展自己的才华，因此大多数人都要求工作单位考虑自己的专长，其实仔细想想，这恰恰是没有自信心的表现，为什么除了专长就不能做点儿别的工作，要知道你自己所谓的专长其实并不一定是用人单位所期待的专长，用人单位往往更注重考察一个人的综合素质和对不同岗位的胜任能力。说穿了，用人单位更期待那种一专多能的人才，在机会合适的时候才考虑你的专业，大多数情况下是用你的非专业才能。当然，大学生综合素质不高，与我国的教育体制有一定关系，专业面过窄造成了这种状况，但是总有一部分人具备较高的综合素质，所以成功最终归于他们。难道这也是天意？这难道还不值得那些自命不凡的所谓天之骄子们深思吗？

即使是真正的才子，真有一技之长，也不要期待能一步到位，因为开始的工作对于以后从事本专业起着良好的铺垫作用，这是许多工作多年的人们总结的经验。

素有某大学新闻系"才子"之称的沈某，在大学期间已经小有名气，不时有作品见诸报端，有的甚至引起了极大的反响。大学毕业后，他如愿以偿地被分到了一家大的报社。他自认为以他的才能，肯定会被分到新闻部，至少当记者。可是分配方案让他好生失望，他被单位分到总编办公室工作，其实领导这样做是为了考察他的综合才能，让他尽快熟悉报社运作的全过程，可他却埋怨领导不具慧眼，结果可想而知。如果领导大度爱才，也许会重用他，假定遇到公正无私的领导，有他倒霉的。

还有某著名审计学院的赵某，没毕业之前因其才华出众而被某检察院检察长看中，毕业后进了该检察院，令人羡慕，他满以为检察长会安排他进反贪局工作，让他一试身手，惩治贪官污吏，可没想到检察长却让他先留在院办公室工作，幸亏他适应能力极强，把办公室里的工作做得井井有条，1年后他如愿以偿地进了反贪局，工作仍相当出色。

因此，对于才参加工作的人来说，过分看重自己是不可取的，关键要看别人是否看重你的才能。

②切忌好高骛远

有的人也确实很有才气，对自己手头的工作也能够胜任，可总以为自己没得到重用，总以为自己的付出与收入不成正比，因此当听说某某到什么单位拿了多少钱和升了什么职时，便也跟着频频跳槽，几年下来工作换了一个又一个，仍然没有找到合适的工作单位，白白浪费了几年光阴，要知道许多资历与经验要在工作的过程中才能积累，需要相对稳定的工作环境，老是这山望着那山高，终难有所收获。

有一个博士生，国内博士毕业后，她如愿以偿地拿到了哈佛大学的奖学金去攻读博士后，2年后她又到了牛津大学做访问学者，牛津生涯还没结束她又到了伦敦大学做客座教授。在常人看来，她已经实现了极大的成功，一定是国内许多用人单位仰慕的人才，可当她回国找工作时，却没有一家合适的单位愿意要她，更不用谈什么人才了，原因是她在国外多年中，因频繁更换工作岗位而使自己所从事的研究不成体系，也没有发表什么有价值的论文，而她的许多同学，有的只在国外名气不很大的学院做研究，却因成绩卓著而入选了中科院的"百人计划"。其实她算够有"才"的人了，可是就因为她对现状不满而使自己的才华白白流失，不知道她现在难过的同时，有没有考虑过这些。

当然，绝对不是主张一个人非要在一个地方工作一辈子，因为那样有时会限制一个人潜能的最大发挥，包括自己，也是希望能够在工作一个阶段后换个工作环境，去迎接更大的挑战。但是，在换工作环境之前一定是感觉到自己已经尽职尽责了，如果再不离开就难以进步了，只有在这种情况下，更换工作环境才是合适的。

难以胜任还有一种情况，就是不得不更换工作环境。那是由于能力欠佳而被公司老板开除，当然这里面有多方面的因素，这样的人不得不频繁地更换工作岗位，也许他们真该认真考虑一下，这样下去会有什么结果。

（2）适应生活环境

前面提到了我们的同胞在洛杉矶频频遭遇抢劫，究其原因，是难以一下子适应一个新的环境，而青蛙被烫死则是由于自己对环境的变化不敏感的结果。我们中有许多人都不乏这样的经历，到一个陌生环境里吃不好，睡不好，有的甚至还生了病，还有一些人因为总是拘泥于以前的状况，对于新发生的一切觉察不到，就像青蛙一样，被环境逐渐淘汰。那么我们又该如何克服这些坏习惯呢？

①入乡随俗

一个地方有一个地方的习惯和风俗，如果你希望到一个新地方去发展，可千万不要轻视了这一点。

了解风土民情，对于开拓自己的事业至关紧要。说到入乡随俗，禁不住又要提洛杉矶华人的遭遇了。其实不仅仅是在洛杉矶，就拿我们国内来说吧，你总不能到了西藏还对喇嘛不敬，到了北京还满口方言，这样只能让你四处碰壁，惹尽麻烦。

如何才能了解风土民情，做到入乡随俗呢？首先得多读书。到一个地方之前，先找出与当地人生活习惯相关的书籍来读是一个很好的方法。其次是要多走动。俗话说，读万卷书，行万里路，走过的地方多了，见识自然就多了，有些东西是书本上学不到的，必须实地考察才能有所收获。最后是多向别人请教，不知者不为过，不懂装懂的人迟早会碰壁。

②与本地人交朋友

史书上记载，楚国人范蠡到山东做生意时，把赚取的许多钱分给了当地的百姓，结果他的生意越做越红火，最后乃至"日进万金"。范蠡为何要这样做？这正是他取得成功的关键。一个外乡人到一处做生意，如果不笼络本地的人，不要说赚他们的钱了，即使不赚钱还有人想找碴欺负你。相信大家都有过这样的经历，到了一个陌生的环境，总容易受到冷遇。因此，假若你想在陌生的环境里有所作为，最好要有几个本地朋友，他们不但可以及时地给你反馈信息，更重要的是可以告诉你一些在此地发展的注意事项。

③不要锋芒毕露

到异地做事还应该藏起自己的锋芒，咄咄逼人者只会给自己添麻烦。每个地方都有一些地方保护势力，锋芒太露会危及他们的利益，当然会引起当地人的不满，因此真正聪明的人还懂得有所保留，慢慢取得他人的信任。

以上几条是说我们应如何适应一个新的环境。学会适应生活环境，还应该适应环境的变化。自然物种越来越少就是因为人为的破坏使得许多生物难以适应的结果。人类虽然是自然界的高等智能动物，但有时也会对周围生存环境的变化不太敏感，这也严重地影响了人们事业的拓展。如何才能克服这种状况呢？

a.未雨绸缪，居安思危

中国人有个通病，大多数乐于安于现状，而美国人则居安思危，总感觉危机要来临，因此一生都在奋斗，其实我们的生活和美国人相比不知道差出多少倍，这其中包含着许多因素，历史的、文化的、现实的等。

小 D 大学毕业后进了一家不错的公司，总觉得还不错，因此便有安于现状的想法，可后来上司教育了他，说假如感觉不到提高的话便肯定在后退，在这个竞争年代里，后退的结果只能是遭到淘汰，因此他才决心进一步深造。他同班的大学同学，好多人仍在国营单位分那少得可怜的一杯羹，真不知道万一这杯羹突然打翻了他们该怎么办。

成功的人生总是在不断进取与创造，未雨绸缪，居安思危应该成为他们的座右铭。

b. 把成功作为一种信仰

只有把成功作为一种信仰，时刻不忘成功的人才会不断进取，才不会受制于生活环境的变化，他时时刻刻都能感觉到并预测到环境会发生什么变化，在他心中只有一点是历久不变的，那就是成功人生的信条。他会想尽一切办法去克服生活中的不利因素，并对可能发生的变化采取积极可行的防范措施，而不是消极等待，他们的人生道路一定会越走越宽的。

（3）适应社会环境

人是这个社会的一分子，社会对每一个人都会产生或多或少的影响。当然，有正面影响，也有负面影响。我们不能总祈求正面影响而埋怨负面影响，相反，我们应该学会适应这些影响。

的确，由于种种原因，我们的社会制度还很不完善，还存在种种弊端，比如以权谋私、任人唯亲、鲸吞公款、仗势欺人、徇私枉法等不正常现象。可是如果老是盯着这些阴暗面又怎么能行呢？人类社会已经发展了几千年，但总的来说，是在朝着良性和健康的渠道向前发展。人们正不断抛弃一些坏的阻碍社会进步的东西，社会正一步步地向着理想的方向，向着大多数人期望的方向发展。我们应该认识到这是一个极其漫长而又艰难的过程，不能奢望一蹴而就。我们必须认清这个道理，我们必须学会去适应。

①尊重历史与现状

经常听到有人发牢骚，说当今社会如何糟糕，如何不公平，等等。如果有人问一句："你有办法解决吗？"大多数人会哑然，然而还有少数不知天高地厚的人会说"假若我是国家领导人，就要如何如何"云云。同这样的人争执真没什么意义。难道说别人都不如你吗？其实情况刚好相反，假若这样的人一朝得志，那一定是社会的悲剧，别说他自己的劣根未除，即使他能像俄罗斯总统叶利钦那样铁腕，人们也绝对不会支持他。我们主张的是稳定，只有在稳定的社会环境里，个人的发展才有保障。

其实那些老是抱怨社会阴暗面的人，压根儿就不懂历史，总是拿国外和我们比，殊不知国外的发展经历了多少年，他们从前还不如我们。打个比方吧，一个生在穷人家的孩子和一个生在富裕家庭的孩子，他们的发展轨迹该怎么比？就拿读书来说吧，穷人的孩子读着书还得想着下顿饭能不能吃饱，而富人家的孩子早在想要多方面发展成为多面手了。所以贫富差距使他们绝大多数人不可能平等。我们能一下子生产出那么多航母，那么多F-18战斗机吗？所以我们不可能样样都和发达国家攀比，我们正在向人家学习，这有一个过程。认不清这一点的人徒有一腔忧国忧民之心。

有人说，社会的成功建立在个人的成功基础之上，我们大家都好了，社会自然也就好了。假若你仍然不明白，你不妨问问自己："到底你能怎么改变现状？"如果无能为力，那么就拼命工作，为社会多做贡献，大家都这样的话，现状终将成为历史。

其实，我们的社会还是有许多值得肯定的方面，只不过电视或新闻报道老是歌颂正面，造就了人们的逆反心理。我们的综合国力在当今世界也位居前列，人民生活日益改善，市场经济逐渐形成，社会弊端逐渐根除，反腐败力度越来越大，中国的国际地位正日益提高……且不说拿这些和新中国成立前比，就和10年前相比，甚至和5年前相比，我们都能体会到变化是多么深刻，否定这些成果就是不尊重历史，连历史都不尊重的人是难以实现个人成功的。

②逃避现状难成功

还有一部分人不敢正视现实，总想逃避现状，这主要表现在一些怀才不遇的人和一些出众的高学历人员身上。他们渴望一步登天，即想方设法出国，主要是去美国。每年出国的人不下10万，回国的才3万，我们并不是不主张出国发展，可假若心中没有信仰，盲目出国，也未必会有什么成就，即使取得了什么成就，也会陷入无人喝彩的尴尬局面。你可以改变你护照的颜色，可你却无法改变你的肤色，更不能改变你的遗传基因；你可以改变你的价值观，可你却难以实现心中的理想。许多国人在美国拿到了美国绿卡，可他们生活得并不幸福，工作压力太大，种族歧视严重，付出和报酬不成正比，各方面都不稳定，为了生活得不断拼命赚钱，根本就没有几个人从事科研或干一番自己的事业。他们也渴望能够回来报效祖国，可由于专业丢得太多竟没有单位愿意要他们。这的确可以反映出在美国的绿卡族们的心态，高不成低不就的心理使他们的人生发生了严重错位，根本无法去营造成功。逃避现状的结果只能使他们半生漂泊不定，当然我不否认有少数人在美国取得了成功，可那毕竟是外国，毕竟少了许多自豪感和民族自尊心。

③明天会更好

现实终归是现实，弊端一下子难以克服，这些都是正常现象，只要坚信一条"明天会更好"，只要心中充满希望，现实也没什么可怕的，阴暗面也没什么大不了。成功的道路多的是，锲而不舍的人终将会有收获。

其实那些对现实牢骚不满的人恰恰是一些心理不平衡的人。比如他们常常想，某人赚了钱，某人升了官，某人买了车，某人出了国，等等，我本来比他们都强，可我却不如他们风光！这种心理不平衡本来是人之常情，聪明的人会用自己的实际行动去追求新的平衡，靠自己的努力通过正当奋斗去实现人生的自我价值。满腹牢骚的人整天怨天尤人，我敢说，这些人一旦有了机会，必然会不择手段，不顾道德约束去追求那些东西。正是这些人造成了社会的阴暗面，他们真该认真反思自己的品行才对。

有一首歌唱得好："世间自有公道，付出总有回报，要做就做最好。"我们不应一味埋怨，我们更应该多想一想，我们到底为社会做出了些什么？我们凭什么祈求社会给我们以大的回报？假若你真的付出了，早晚会得到回报，即使自己得不到，也可能会给自己的亲人造福，既然来到这个世上，既然想成就一番事业，就让我们做得更好。

其实，我们的社会正在发生着深刻的变化，这变化被称为一次革命，满腹牢骚适应不了现状的人也许真该庆幸了。正在进行的经济体制和政治体制改革已彻底改变了中国人的传统生活方式和价值观念、道德观念。法制和法规不断健全和完善，"大锅饭"再也吃不上了，市场经济正日益形成，民主进程不断加快……这一切才是真正的挑战。

第四章

莫愁前路无知己：交际丰富你的人生色彩

如今的时代是个竞争的时代，是个残酷到多人倒下，方有一人站起的时代……社交便成了我们竞争过程中绝对重要的环节。试想，如果你能依凭自身的社交才能，广交朋友，广结关系，征服你身边的人，那你就等于征服了你置身的世界，你就真的成为人中龙凤了。

组建你的关系内圈

人事关系在社会上是一种资本，若要它经久就不得不节用。

那些令人羡慕的成功者，除了他们本身优越的条件外，还有一点，就是他们身边有一群非常要好的朋友。这些朋友为他出谋划策，对他提出高的要求，不让他有丝毫的松懈和半点儿的放弃。

为了成功，你也需要有这样一群良好的朋友，需要有这样一张良好的人缘网络。

从一定意义上说，人际关系对一个人事业的成败及工作的好坏具有极大的影响，所以说成功在很大程度上取决于你拥有多大的权力和影响力，与合适的人建立稳固关系对于成功至关重要。

前几年，组织都是由独立的单元构成。在这些单元中每个人都权责分明，分工明确，次序及内部程序都是统一规定的。如今的组织将这种规定彻底改写了，那些等级森严、分工明确、井然有序的组织结构已经被可变的、有机的和充满活力的架构所取代。

这种新的架构能够很快适应组织不断变化的需求。人们不再把各层面的工作定义为一些毫无人情味、机械性的操作。企业也根据员工对变革的适应能力、反映能力和应变能力对他们的业绩做出评估。他们的成功取决于如何编织自己的人缘网络。

在编织人缘网络的过程中，已经认识的人很重要。你目前的人缘网络是打造你未来关系的原料。因为他们都有自己的熟人，而他们所熟识的人又有自己的人缘网络。

成功建立的关键是选择合适的人建立稳固的关系。良好的人际关系能开拓你的视野，让你随时了解周围所发生的事情，并提高你倾听和交流的能力。

当你对职业关系有所意识，并开始选择你认为对自己有帮助的人时，你必须放下那些额外包袱。其中或许包括认识已久却对你的职业生涯毫无益处的人。当然，你们仍然是朋友，只是你不用浪费宝贵的时间去维系这种老关系。

良好、稳定的人际关系的核心必须由 10 个左右你所信赖的人组成。这首选的 10 个人可以是你的朋友、家庭成员以及那些在事业上与你联系紧密的人。这些人构成你的影响力内圈，因为他们能为你创造一个发挥特长的空间，而且彼此都是朝一个方向努力。这里不存在钩心斗角，他们不会在背后说东道西，并且会从心底希望对方成功，你与他们的合作会很愉快。

当双方建立了稳固关系后，彼此会形成一种强大的凝聚力。他们会激发对方的创造力，并不断从对方身上得到灵感。为什么要将影响力内圈人数限定为 10 人呢？因为这种牢不可破的关系需要你一个月至少维护一次，所以 10 人就足以用尽你所有的时间。

另外，你必须与至少 15 个人左右组成的后备力量保持一定的联系，以作为你 10 人内圈的补充。假如内圈中有一位退休或移民国外，那 15 人组成的后备军就派上用场了。其实，只要你每月定期和他们取得联系，可以通过电话、传真、聚会、电子邮件或信件，这个团体的人数都会超过 15 人。

对方在试图与你建立关系时，总会打听你是做什么的。如果你的回答很一般，比如只是一句"我是某公司的一名经理"，你就失去了与对方继续交流的机会。你可以这样回答对方："我在某公司负责一个小组的管理工作，主要为我们的网络开发软件。我喜欢骑马，爱好打网球，并且喜爱文学。"这种简单而不失个性的介绍不仅为你的回答增添了色彩，也为对方提供了不少可以继续的话题，说不定其中就有对方感兴趣的。当他这样表示："哦，你打网球？我也喜欢"时，你们就建立起了一种最初的关系。

建造人缘网络的前提，不是"别人能为我做什么"，而是"我能为别人做什么"。在回答对方的问题时，不妨补上一句："我能为你做些什么？"

保持联络是建立成功关系网络的另一重要条件。当《纽约时报》记者问美国前总统克林顿是如何保持自己的政治网络时，他回答说："每天晚上睡觉前，我会在一张卡片上列出我当天联系过的每一个人，注明重要细节、时间、会晤地点以及与此相关的一些信息，然后输入秘书为我建立的网络数据库中。这些年来朋友们帮了我不少。"

要与人缘网络中的每个人保持密切的联系，最好的方式就是创造性地运用你的日程表，记下那些对你的关系至关重要的日子，比如生日或周年庆祝等。在这些特别的日子里准时和他们通话，哪怕只是给他们寄张贺卡，他们也会高兴万分，因为他们知道你心中想着他们。

观察他们在组织中的变化也不容忽视。当你的人缘网络成员升迁或调到其他的组织去时，你应该衷心地祝贺他们。同时，也把你个人的情况透露给对方。去度假之前，打电话问问他们有什么需要。

当他们处于人生的低谷时，打电话给他们。无论你人缘网络中的哪一个人遇到了麻烦，你都要立即打电话安慰他，并主动提供帮助。这是你支持对方的最好方式。

充分地利用你的商务旅行。如果你旅行的地点正好离你的某位关系成员挺近，你可以与他共进午餐或晚餐。

只要是你的关系成员的邀请，无论是升职派对，还是他女儿的婚礼，你都要去露露面。

至少每三个月调整一下你的人缘网络。要多问问自己："为什么要保留这个关系？"如果你不定期更新或增加新人，你的关系网络就会老化，其效力会大大减弱。

时刻关注对网络成员有用的信息。应定期将你收到的信息与他们分享，这是很关键的。

优秀的人缘网络是双向的。如果你仅仅是个接受者，无论什么网络都会疏远你。搭建关系网络时，要做得好像你的职业生涯和个人生活都离不开它似的，因为事实上的确如此。

把握好你的人情账户

对别人表示关心和善意，比任何礼物都能产生更多的效果，比任何礼物对别人都有更多的实际利益。

北大学生在"风入松"书店举办了一个人生沙龙，有位学外语的女同学说了这么一段话：

一个没有人情味的人，是永远也无法了解"帮助"这个看似简单实则微妙的人情关系术的丰富内涵的。比如说，给人帮助不能过分挑明，以免伤人自尊；施恩于人不可一次过多，否则会成为对方的负担，双方关系再难维持。这种人只会用"互相利用，互相抛弃，彼此心照不宣"的借口来为自己推挡，而不去探索人情世故的奥秘之处。所以，这种人是无法达到操纵自如的人情的境界。

是呀！做人要有人情味。真正的成功者，都是最善顺人情、骂人意的人。要善于调整与运用自己的感受去观察、体贴别人，从而及时修正生活中的种种关系。心直口快未必就是好，心直口快者倘若被人兜头一顿数落，亦会脸红心跳，或者竟被数落错了，更会气愤难平。那么他就不该以自己的性格或脾气为借口，让这样的尴尬频繁地落到他周围的人头上。谈自己的看法，完全可以采取不同的方式，并不是不要、不准你谈，喜欢做一个透明度高的人，固然好，不过，能够做得别人都欣赏你，岂不是更好？

人们喜欢把成熟的人比作一块鹅卵石，它是由生活的潮水长年累月地冲刷，把种种的棱角都磨得光滑了而生成的。这样的石头，总是容易顺势找到一个比较稳妥的位置。不过，成熟的人似乎更像一块蕴含着花纹与色彩的雨花石，美丑高下不论，都有自己的特色。不过，若把雨花石干置在那里，那它们就只是暗淡无光，甚至是麻麻点点的一大堆普通石子。只有把雨花石浸入放了清水的白瓷盘里，它才会陡然晶莹，漾出奇妙的图案、斑斓的色彩、精美的花纹。这清水和瓷盘，就是一种不可缺少的凭借——修养。

要让人觉得你有人情味，不要有"一次性"交际的心态和行为。在某些凡事讲求实际、实用、实效的人物眼中，所谓的人情，就是你送我一包烟，我给你几块钱的等价交换，更像杀人偿命，欠债还钱，概不赊欠的原则。这种一次性的交际外表看来洒脱、不拖泥带水，实则包含了太多的困惑。诚然，受到帮助的人也许在短时间内不愿再次开口求助，而你也没必要固守"事不过三"的古训，当人家确实有困难而无能为力的时候，尽管你已经帮助过他，尽管他深知欠你人情而不好向你开口，但作为知情者，你不应无动于衷，不妨再次主动伸出援助之手。事实上，这种行为最容易赢得人情效应，即使对方一时无力给你回报，但你的高风，你的人品，已被更多的人知晓。

要让人觉得有人情味，要培养与朋友的共同兴趣，以达趣味相投之效。有时候，共同的爱好、兴趣会成为两个人交往的纽带。比如，你和他都爱听戏，在剧院里相识，便成了票友；都爱下棋，在棋室相遇，便成了棋友；等等。共同的兴趣把彼此召唤到一起，在相互切磋中，结下了友情。

南方某电视台外面有一条清幽的小道，早晨常有人到这里锻炼。一位北京来此实习的顾记者和这家电视台的一位吴记者，每天在这里相遇，然后二人一起散步，边走边聊，由一般的寒暄到相互了解。两个人都爱好书法，少不了交流体会看法，二人觉得受益很大。时间长了，共同语言越来越多，形成习惯，不管春夏秋冬，都不约而同到这里碰面。顾记者回北京后，还经常打电话问候吴记者，二人保持着密切的联系。

要让人觉得有人情味，与别人待在一起时，要多"泡苦水"。泡苦水，也就是同舟共济，心往一处想，劲往一处使。人们在一起共事，共同的命运把大家连在一起。只要采取合作态度，互相支持、帮助、关照，很容易产生感情认同。尤其在困难时期，彼此相依为命，共渡难关，不问时间长短，可能一辈子都会刻骨铭心地记着。

社会是个大舞台，在这个舞台上，有编剧，有导演，有演员，有美术，有化妆，有指挥，有配乐，等等。但不管你在社会这个大舞台上充当什么角色，你都要有人情味儿，都要有道德风貌。人情味儿和道德风貌是构建社会文明大厦的基础。真文明的社会急需每个人都充满人情味儿，这是我们应当加倍努力去做的。

交际也需因势利导

一个人能有好人缘是成功的交际所在，而人缘欠佳、选票短少，自然也是交际的失利。之所以失利，就在于自己没有把交际当成艺术看待。古人有"得道者多助，失道者寡助"之说。在这里，我们可以把"得道"理解为"善交际""有人缘""得人心"，而"失道"则可理解为"不善变的""人缘不好"和"失人心"等。细心的人只要稍作观察就知道，社会上至少有85%以上的成功者都是靠"善交际""有人缘"和"得人心"发迹的，学会交际、学会缔结人缘是获取成功的必修课。

1.距离能提高友情的浓度

交友时应该根据彼此投缘程度确定一个双方都觉得安全的距离，一般的朋友距离远一些，生死之交和道义上的朋友距离可近一些。

遇到投缘的朋友，人们喜欢亲密无间、形影不离；如果是恋人，则更是如胶似漆、寸步不离。如果让对方喘不过气来，就是个危险的征兆。

但关系再好，彼此也应保持一定距离，使双方感觉增一分则太长，减一分则过短。恋人、夫妻之间处理关系也不例外，适当保持一点儿距离，给爱情放放假，保留一点儿神秘感，有助于更好地吸引对方，这正是欲擒故纵在人际关系中的运用。

过分关心别人，包办别人本应自己干的事情，只能使对方感觉腻味、厌烦，别人表面上作盛情难却状，内心里却掩藏着说不出的愤怒。

2. 人生得一知己足矣

常言道，人生得一知己足矣。

有一知己与没有知己相比较，确实令人自豪。但如果有一知己则心满意足，不思另结新朋，把有限的时间精力全投入到与一个或少数几个知己鬓发相磨，实属浪费。

人际交往也存在边际效应问题。与某人的交际达到一个极限时，再追加投入，交际的产出维持不变或增幅甚小，如果把追加的投入投向其他人，则可能产生巨大的回报。超过极限值的时间和精力与其继续投入到并无多大产出的同一个人身上，不如投入到有巨大增长潜力的其他人身上，均匀使用力量，多结交几个朋友，多几分收获。当然，此间还有一个如何择友的问题，但那已属另一范畴。

3. 脚正也怕鞋歪

有人卧恃脚正不怕鞋歪，故作天马行空、无拘无束状，与他人交往时全然不考虑时间、地点、场合、对象等因素，遇见异性朋友故作神秘状多说几句，见到不三不四的人也要热乎客套一番，诸如此类的举动，你自己以为是坦坦荡荡，但别人会由此萌发嫌疑，怀疑你的人品、为人，你若再作解释，恰巧是此地无银三百两。

古乐府《君子行》有云："君子防未然，不处嫌疑间，瓜田不纳履，李下不整冠。"

一个人一旦涉嫌不轨，别人会毫不犹豫地将他打入另册，连一点儿申辩、解释的机会都不给。因为选择一个白玉无瑕的人比有瑕疵的或瑕疵阴影的人更可靠；况且，有的嫌疑短期内根本无法澄清，有的可能会成为一个永久的谜。人们的交往对象不是破案能手和考古专家，他们对扑朔迷离的涉嫌行为没有特殊的嗜好，根本不会分神去分辨谁是谁非，处理嫌疑的最好方式是不要涉嫌。

4. 忠言不必逆耳

规劝别人实际上是向对方推销你的动机、方案和方法的过程。动机、方案、方法三位一体，缺一不可。

人们常说：良药苦口利于病，忠言逆耳利于行。这句话重复多了，人们难免会形成错觉，规劝别人的话必须难听，不难听的话不配称"忠言"。

这是个大大的误会！

劝说别人时，人们往往只强调动机的利他性和方案的选优性，忽略了别人接受过程的复杂性和说服方法的使用，想粗暴地拿鞭子将对方赶入天堂，殊不知，方法的不当恰巧抵消了动机和方案的优势。既然别人不接受你的方式方法，他又怎能爱屋及乌，最终接受你的动机和方案呢？

西方管理学家认为，怎样干往往比干什么更重要。

忠言如果顺耳不是更好吗？

唐太宗李世民有次扬言要杀掉敢于触犯龙颜的魏徵，长孙皇后闻后十分着急。如果用逆耳的"忠言"劝说李世民，李世民不仅不容易接受，反而会使事情弄得更糟。会说话的长孙皇后取顺耳之言规劝李世民。她说，自古以来主贤臣直，只有君主贤明，当臣子的才敢直抒胸臆、有话就讲，今魏徵敢于直言劝谏，全赖圣上贤明。李世民闻后龙颜大悦，打消了杀魏徵的念头。

　　交际是一门严肃的科学，是人生的必修课，仅靠古人的几条垂训和社会上人云亦云的箴言是填写不好交际答卷的。只有以科学的态度对待交际，遇事具体问题具体分析，现实问题现实分析，才会找到问题的真正答案。

交往需要相互沟通

在家庭、社会与国际生活中，存在着很多的不和谐，这没有什么值得奇怪的。因为我们每个人透过不同的耳膜听声音，透过不同的角膜看东西，经由不同的头脑理解事情，你所做的决定，就是头脑中一套独一无二的思维系统所造成的结果。

沟通就是要了解这一事实：一群人下班后搭乘同一辆公共汽车回家，在经过市区时，他们将以彼此完全不同的观点来看相同的街景，其中一位所看到的是倒塌、毁坏的建筑物；另一位正在思考自己的问题，所以他视而不见。

最重要的是，我们要试着以他人的眼光看待他人的世界——而不是以我们的眼光来看他们的世界。要做到这一点，有一个方法：找出其他人身上的优点，不管他们的外表、生活方式以及信仰与我们有什么显著的不同。在寻找他人优点的过程中，你等于以爱心和他人进行沟通，爱是我们最需要的。

我们原本是擦身而过的陌生人，但彼此伸出的手一握住，便不再漠不相干了。我们冷淡是因为怕被拒绝，其实我们容易了解，也容易相处。

一位女士在圣诞节期间，带着她5岁的儿子在一家大百货公司购物。她认为，她的儿子看到这家百货公司的装饰、橱窗展览以及圣诞玩具之后，一定会十分高兴。她拉着他的手，走得很快，使得他那双小腿几乎跟不上。他开始大哭大闹，紧紧抓住母亲的外衣。

"老天爷，你到底怎么啦？"她很不耐烦地斥责他，"我带你来，是要你享受一下圣诞节的气氛。圣诞老人不会把玩具送给那些又哭又闹的孩子。"

孩子还是吵闹不休，她则忙着抢购圣诞节前后大抛售的物品。"如果你不马上停止吵闹，我以后永远不再带你出来买东西了。"她警告他。"哦！对了，是不是因为你的鞋带松了，被鞋带绊住啦？"她一边说，一边就在台阶下蹲下来，替她的儿子绑鞋带。

就在她蹲下来的时候，她凑巧抬头看了一看。这是她第一次通过5岁儿子的视角来看一家大百货公司。从那个角度望上去，看不到美丽的商品、珠宝饰物、礼物、装饰美丽的柜台或是玩具，所能看到的全是迷宫似的走道，到处都是烟囱似的长腿和背影。这些大山似的陌生人，一双脚犹如溜冰板，他们推来推去，又抢又夺，又奔又跑。这种情形不仅不好玩，简直可怕极了！她立即决定把她的小孩子带回家，并对自己发誓说，绝对不再把自己的想法强行加在他身上。

在他们走出百货公司途中，这位母亲注意到，圣诞老人坐在一个装饰得像北极风景的亭子里。她想，如果能让她的小孩子亲自与圣诞老人见面，可能会使他忘掉方才那可怕的一幕，而让他记得采购圣诞物品是一次愉快的活动。

"去和其他的小孩子一样，等一等坐在圣诞老人的膝盖上。"她这样哄着他，"告诉他，希望得到什么圣诞礼物。你在讲话时要面带笑容，这样，我才能替你拍照，并把照片镶入我们家的相册中。"

虽然他们已经见到一位圣诞老人站在百货公司大门口外面摇着铃，另外还有一个圣诞老人在购物中心内，但这位母亲还是把她的小儿子推向前，要他和这个圣诞老人做一番愉快的交谈。

这个怪模怪样的男子戴着假胡须和眼镜，身穿红色外衣，红衣里还塞了一个枕头，他把这个小男孩儿抱在膝盖上，哈哈大笑（他似乎认为，圣诞老人一定要这样做），然后用手指轻触小男孩儿的肋骨，向他呵痒。

"你想要什么圣诞礼物呢？孩子。"圣诞老人很和蔼地问道。

"我想下去。"小男孩儿轻声回答说。

对小男孩儿来说，这个圣诞老人只是一个陌生人。他在前面已经看到了两个圣诞老人，但他的母亲却要他坐上这个"真正的"圣诞老人的膝盖上。对一个 5 岁的小男孩儿来说，在一间挤满了匆忙购物的成年人的百货公司里，进行最后 5 分钟的大抢购，绝对不是一件好玩的事。这位母亲由于曾经蹲下来替儿子绑鞋带，并且目睹了他在面对一个陌生的圣诞老人时所表现的不安，得到了很难得的与儿子沟通的经验。

不能沟通就不能合作，沟通是合作的前提。与他人沟通，首先就要明白，地球上的每一个人都有相同的权利去满足自己的生活需求。大家都知道，肤色、出生地、政治信仰、性别、经济情况以及智力并不能代表一个人的价值，前往沟通的道路就是接受这一事实：每个人都是与众不同的人物，世界上没有两个完全相同的人，即使是双胞胎也有不同。

　　我们的手指纹、脚趾纹都是独一无二的，甚至连"声纹"也找不到两个完全相同的。美国电报与电话公司知道我们每个人的谈话的声波是独一无二的，跟别人绝对不同，因此，该公司正发展一种"声纹"系统，利用电子仪器，根据我们的声音，从而正确地分辨出每个人的身份。你只要向着商店的柜台或银行窗口的麦克风报出姓名，你自己的"声纹"频率将会和存放在中央电脑的"声纹"档案资料比较。这种系统将可免去支票或信用卡被窃后产生的问题。即使是世界上最好的模仿家也无法伪造一个人的声波。

　　你必须爱自己，然后才能把爱施舍给其他人。爱是独立的，而且是以我们和其他人的分享为基础的，并且基于独立性的选择，而不是出于依赖性的需求。真正的爱，就是由两个具有维持本身生活能力的个人所组成的一种关系。只有独立的人，才能自由选择和维持一种关系。不独立的人，他们都因为有所需求，才会继续维持关系。

　　可见，爱是人们相互沟通的前提。

　　作为一名好的沟通者，你在和一个陌生人打交道时，总是先把手伸给对方，请求对方和我们握手，因为我们已经知道，这是向他人表示尊敬的一种方式。除了用力握手之外，我们还要把目光直视对方，同时面带温暖、开朗的微笑，借以显示我们进行这种沟通的强烈兴趣。在会见一个陌生人时，我们总是主动报出自己的姓名，并在说出姓名之前，加上一句"早安""午安"或"您好！"

　　你在经过自我介绍之后，就要成为积极的聆听者。耐心聆听，并且替对方设身处地地着想。我们都知道，倾听是可以学到很多东西的。

我们盼望结交新朋友，友善地与陌生人谈话。我们同某人说话，或聆听他们说话时，都要看着他们。我们既宽容又仔细地聆听，即使我们可能并不同意他们所说的话。

我们平等地对待他人。我们聆听既沉闷又无知的谈话，因为，他们的内容也自有一套道理。我们不会咄咄逼人地追问问题。我们试着在陌生人身上寻找特别的美丽，然后真诚地称赞他们。我们让陌生人谈到自己，以便了解他们。

我们容易了解，而且容易相处。我们并不期望其他人会对我们所说的话产生反应。我们也不想尝试着去探讨他脑中究竟在想些什么。

我们在面对陌生人时，充满自信，因为我们想了解，不管其他人表面多镇定，但几乎每一个人都急于会晤陌生的人，以争取友谊或个人的发展。我们也知道，几乎每个人的内心都存在着少许害怕被别人拒绝的恐惧感。

当你面对一个可能成为朋友的陌生人、一个将来可能和你做生意的人，或是我们自己的家人时，我们的态度是热诚的，而不是自私的。我们关心的是其他人，不是我们自己。当我们在内心对其他人，而不是对我们自己产生兴趣时，他们将会感觉出来。他们也许无法以语言说出他们为何有这些能力，但他们确实有这种能力，相反地，当人们和那些只在脑中想到自己利益的人交谈时，他们就会产生不舒服的感觉。这就是所谓的非语言沟通："你虽然说得如此大声，但我却听不懂你在说些什么。"

语言，交际的桥梁

一个人如果想要取得成功，语言的才能是一项硬件。语言的表达能力是构成个人魅力的重要组成部分。若想在紧张激烈的人生竞技场上做东方不败，必须培养机智、良好的语言能力。

人类在漫长的生产实践中，创造并发展了语言这一工具。早期原始人类将语言视为氏族之间互通消息的符号，根据声音来判断什么是警示，什么是需求。

塞缪尔·斯迈尔斯发现，人们在沟通中，往往通过习惯常用语表达自己的个性，即使这些用词并没有实际意义。拿破仑·希尔认为，不同的言辞表现不同的人品和心态，说话者的个性也同时表露无疑。

最常见的情况是，和初见面的人说话，刚开始大家都在意面子，所以表现得很恭敬，等逐渐松弛下来后，不仅是姿态，连说话也会变得很随意，本人的本性在不知不觉中表现出来。一位某公司人力资源部部长说，他在主持招聘工作的时候，总是故意对前来应试的人采取非常随便的态度，起初，年轻人都很拘谨，但过不了多久，他们的习惯用语就会脱口而出，这位部长也可以在招聘过程中看到这个人的人品。

人的语言是人类特有的思维的工具和寻求朋友最重要的交际手

段，人们经常利用语言的魅力来观察他在大众心目中的地位和所引起的反响。善于运用语言的人，最可能处于左右逢源的有利地位，会成为最受欢迎的谈话对象。人们习惯把善于运用语言魅力的人称为"演说家"，即使在一般的场合，一位能说会道的人也会受到人们的重视，具有一种令人倾倒的力量，他们会滔滔不绝地议论，巧于辞令，能言善辩，用妙趣横生的故事和令人耳目一新的比喻来证明自己的见多识广，语言的独特魅力常常给人留下极其深刻的印象。

在南北战争中，林肯遇到了一件事：两位军官由于各自所分到的枪支优劣不一致而发生争执，先是两个军官之间的争论，接着其所属部队甚至要短兵相接，引起内乱。早有报信者把事情报告给了林肯。无奈之下林肯叫人把两位军官叫到自己跟前来。林肯并没有让两人一起与自己交谈，他叫其中一位军官先进自己的办公室，然后给他倒了一杯葡萄酒，并且严厉地对他说："任何决心有所成就的人决不肯在私人争执上耗费时间，争执的后果不是他所能承担得起的。像你们俩这样为小事而争执，值得吗？现在是战争的关健时期，如果因此而造成内乱，后果是可以想象的吗？"几句话把那位军官说得满脸通红，然后，林肯并没有叫另一个军官进来，而是让他们一同回去。

在回去途中，与林肯谈话的那位军官主动地让了步，表示自己是错误的，希望对方能够原谅，而另一个军官见他这样"谦虚"，便也不再争执了。林肯运用了语言的技巧，使一场即将爆发的矛盾消弥于萌芽中。

在人际关系更为复杂的今天，良好的口才更是一种战斗的工具，是事业成功的催化剂。有时候，同样的意思和同样的词，由于讲法不同就会产生不同的效果。

中世纪时，东方有一位国王，一天晚上，他梦见自己嘴里的牙全都掉光了，第二天他找人为他解梦。第一个解梦者说："您所有的亲属都会死在您的前头，一个也不剩。"

国王大为恼火，又召第二个解梦的人觐见，第二个人说："至高无上的陛下，您比您所有的亲人都长寿。"国王听了大为高兴，重重地赏了第二个解梦的人，而第一个解梦人却挨了100棍子。其实他们解释的内容并无实质的不同，但表达的方法不同，得到的也是截然不同的效果。

中华人民共和国成立初期，国际上许多国家对中国还不了解，而周恩来总理就是凭借他雄辩的口才为中国赢得了声誉，赢得了地位。

基辛格曾不胜感慨地对人说，周恩来是唯一和他一次性谈话超过三个半小时的外国政治家。基辛格在回忆录中写道：和周恩来交谈，简直是一场紧张愉快的智力竞赛和深邃的思想享受！因为两个人都具有渊博的知识、敏捷的头脑、极富逻辑性和幽默的语言，所以两位外交家在谈话的过程中，显现出各自卓越的魅力和潇洒的风格。

在我们的日常生活中，要成就自己的事业，可能就要和上司、同事之间存在一些差异，如果不能说服上司，他会阻碍你，如果不能说服同事，他会冷落你，要想说服大家都接受你的思想，没有良好的口才是不行的。因此，一个人如果想要取得成功，语言的才能是一项硬件。语言的表达能力是构成个人魅力的重要组成部分，若想在紧张激烈的人生竞技场上做东方不败，必须培养机智、良好的语言能力。

时刻不忘改善你的人际关系

一个人生活在世上，不可能离群索居，必定要和别人打交道。从另一角度讲，良好的人际关系，会有助于我们事业成功、生活幸福。俗话讲："一个篱笆三个桩，一个好汉三个帮。""多个朋友多条路。"如果人际关系恶劣，你就会在工作和生活中处处碰壁，从而被失败和沮丧包围。

但与人打交道，似乎非常难。明人吴从先说，如果太深于世故，就会在人际关系中多泛泛之交，或无原则地随波逐流。而如果不谙世情，不懂人际交往的方法，就不容易与人相处。他感叹：处生（即处世）真难哪！

那么，有没有办法来解决这个难题呢？答案是：有。古今中外许多名人都曾提出过改善人际关系的原则和具体办法，值得我们参考。

要有一个好的人际关系，最重要的是跳出以自我为中心的狭隘观念，要承认这样一个事实：世界上并不是只有你的存在最重要，他人与你一样重要。你不能总想着让别人尊重和关心你，你也要尊重和关心别人。这也就是我们常说的"人心换人心"。

美国纽约电话公司曾就电话对话做过一项调查，看哪一个字是人们最常用的。结果显示是"我"字。在500通电话通话中，"我"

字出现了 3900 次。

"我""我""我"……许多人正是由于太看重"我"——"我的感受""我的意见""我的利益""我的面子"……而忘了尊重别人的感受、别人的意见、别人的利益、别人的面子，结果引起别人的反感和疏远，损坏了自己的人际关系。

有一位老人带着儿子去和一帮猎手打鸟。儿子很走运，率先打下了两只。儿子高兴地喊道："我打下了两只！我打下了两只！"这时老人对儿子说："你应该说'有两只打下来了'，而不要说'我怎么怎么'。"这位老人就是要提醒儿子，在与人共事时，要谦逊，不要只想着突出自己而忽视了别人的感受。

卡耐基的夫人桃乐丝说，人际关系是人与人之间的沟通，是文明社会的精髓。人际关系是承认个人的重要，而不是要你行某些诡计，让人对你产生一个实际上你并没有的善意的印象，并借此而胜过他人。她说，你和某人相处并不一定因为你喜爱他，但是你必须尊重别人，就像你要别人尊重你一样。你必须承认别人具有你作为一个人所应该具有的同样权利。你必须以公正待人，并且赞扬他们的努力，原谅他们的错误，正如你期望别人原谅你的错误一样。至于你是否喜欢别人，或要别人喜欢你，那是不能勉强、不能控制的。但我们可以控制我们对待别人的方式，而每一个人都有资格获得善待。你甚至可以和一个人大打出手而仍然和他有着良好的人际关系。有的时候人们需要挑战和大打一番。

那么，让我们看看，在人际关系中，有哪些方式是我们可以控制的？或者换句话说，有哪些方式可以帮助我们改善人际关系？

1.关心他人。卡耐基说："如果我们想交朋友，就要先为别人做些事——那些需要花时间、体力、体贴、奉献才能做到的事。"正像我们自己需要别人的关心一样，别人——你的朋友、同事、上司、下级、顾客以及陌生的路人，也需要人们的关心。对别人的冷暖无动于衷的人是无法得到别人的好感的。如果在别人遭遇不幸时自己却扬扬得意于自己的高兴事里，那就更是只能遭人反感。关心他人要真诚，要细心，要做到心中真正有对方。

你真诚地关心别人，别人也会关心你，在你困难时还会助你一臂之力。这样的故事太多了。

春秋时，赵宣子见一个人卧在桑树下，因为饥饿，都站不起来了。赵宣子就给了他一些食物。那人拜谢收下了，却不吃。赵宣子很奇怪，问他为何不吃？那人答道，要留给家里的老母吃。赵宣子赞赏这人的孝心，就给了他一大块牛肉和一些钱。2年后，晋灵公派了一批刺客追杀赵宣子。一名刺客追上赵宣子，一照面，惊道："竟然是您，请让我代您死吧！"赵宣子问："义士何姓？"刺客说："我就是您救过的桑下饿人。"说完，转身与追来的刺客搏斗而死，赵宣子于是得以逃脱。

再看一个外国的故事：

弗莱明是一个穷苦的苏格兰农夫，有一天他救起了一个不小心掉进粪池里的小孩儿。过了一天，一位绅士乘马车来到农夫家，自我介绍说是那孩子的父亲。绅士说："我要报答你，你救了我孩子的性命。"农夫说："我不能因为这个而接受报酬。"这时，农夫的儿子恰好走进来。绅士说："我们来个协议，让我带走他，并让他接受良好的教育。"农夫答应了。后来农夫的儿子从圣马利亚医学院毕业，并成为举世闻名的弗莱明·亚历山大爵士，也就是青霉素的发明者。他获得了诺贝尔奖。几年后，绅士的儿子得了肺炎，是青霉素救了他。那位绅士是上议院议员丘吉尔，他的儿子是英国政治家丘吉尔爵士。

请真诚地关心他人，这将为你赢得更多的朋友，更多的帮助，更多的人生快乐。

2. 微笑。如果你希望让别人高兴见到你、与你相处，那你就要高兴见到别人。不能想象你一脸的旧社会、做出一副好像别人欠了你二百吊钱的表情，别人还会乐意和你来往。而微笑，自然的发自内心的微笑，是向对方表示"我很高兴见到你""我愿意和你交往"。微笑表达着欢愉、赞同、尊敬、同情、欣赏等，而这些都是加固人际关系的积极因素。如同一位叫波拿巴·奥巴斯朵丽的作者在一本书中说的："你向对方微笑，对方也报以微笑。他用微笑告诉你：你让他体验到幸福感。由于你向他微笑，使他觉得自己是一个受别人欢迎的人，所以他也会向你报以微笑。换言之，你的微笑使他感到了自己的价值地位。"一位政治家说过："一个人的微笑，值百万美元。"这位政治家的成功，不仅因为他有高尚的人格和出众的才华，经常微笑也是原因之一。微笑有一种亲和力，能够拉近你同对方的距离。即便是对方在向你发泄不满，你的微笑也能使他的情绪缓和下来。纽约一家百货公司的经理在录用女店员时，宁可录用小学未毕业却经常微笑的女子，也不录用大学毕业但满脸冰霜的女子。

卡耐基在他的成功培训班上，曾要求学员每天用 1 小时对一个人微笑，一星期后来班上讲讲效果。一位纽约证券交易所的股票经纪人写信谈了他的感受。他说，他结婚 18 年了，从清晨起床到上班这段时间，难得对妻子微笑。走在百老汇街上，他也是脾气最坏的一个人。但他试着在一星期内每天微笑后，却有了惊人的收获。吃早饭时，他微笑着对太太说："早安。"太太大吃一惊。等她恢复平静后，他说，从今以后他要永远这样。现在他每天出门上班都微笑着和电梯管理员、大厦管理员打招呼，坐地铁时也与售票员微笑，在办公室也是一样。他向从未见过他的人咧嘴微笑，开始对方觉得奇怪，不久，大家也用微笑回报他。他说："我现在是一个完全不同的人了，一个更快乐的人，一个更充实的人。"他说他体会到这是人际关系的新哲学，而周围的人也说他微笑时真有人性。

有一个广告题为"圣诞节一笑的价值"，它的文字是这样的：

它不费什么，但产生许多。

它使得者获益，给者不损。

它发生于转瞬间，而对它的记忆有时永远存在。

没有人富得不需要它，没有人虽穷而不因它的利益而致富。

它在家中产生快乐，在生意中产生好感，又是朋友间的口号。

它是疲倦者的休息，失望者的日光，悲哀者的太阳，又是大自然的解除患难的良剂。

但它不能买，不能求，不能借，不能偷，因为在丢弃之前，它是对谁都无用的东西。

假如在圣诞节抢购的最后 1 分钟的忙碌中，我们的几名售货员因为太疲倦，以致不能给你一个微笑，我们可否请你留下你的一个微笑？

因为没有什么比没有什么可给的人更需要一个微笑了。

这虽是个广告，却告诉了我们真正有价值的东西。让我们记住：笑口常开的人更受欢迎。

3.记住别人的姓名。姓名是最甜蜜的语言，说出对方的姓名，这会成为他所听到的最甜美的声音。一般人对于自己的姓名，比全世界人姓名的总和还要关心。如果你同一个人接触，在隔了一段时间后，仍能记得对方的姓名，对方就会对你产生莫大的好感。这比无聊的奉承话更有作用。相反，忘记或叫错、写错对方的名字，表明你并不太在意对方，或者对对方漠不关心，轻则会使对方疏远你，重则可能惹对方不快，招来麻烦。

曾任美国邮政部长的吉姆有一个专长——初次相见，就能牢记对方的姓名。他没有受过高等教育，年轻时在砖瓦厂做过工。当他在政界取得成功后，有人问他成功的秘诀，他简单地说："辛勤。"那人说："别开玩笑了。"吉姆问："那你说是什么？"那人说："听说你记得住1万个人的姓名。"吉姆笑了："不止。我大概可以叫出5万个人的姓名。"吉姆曾当过一家石膏公司的推销员，就在那时，他发明了记住别人姓名的方法：初次见面，他就将对方的姓名、家庭情况、政治见解等牢记在心。下次再见面时，不论相隔半年还是一年，他都能问问对方家里人的情况，例如对方庭院里的树长得怎样了等，难怪认识他的人都喜欢他。

美国总统罗斯福也以能记住别人，包括只听到过一次的某人的姓名而著称。他知道这是一种最简单、最重要的得到好感的方法。法国皇帝拿破仑三世也曾说，他虽然国务繁忙，但仍能记得每个他所见过的人的姓名。

周恩来总理也能记住许多他见过的人的姓名。有人只同周恩来总理见过一面，但相隔多年再见面时，周恩来会清清楚楚地叫出他的姓名，这使很多人深受感动。

我们要想赢得更多的朋友，就不要对对方的姓名漫不经心。当然，要记住别人的姓名，首先要真正关心和重视对方。此外，也有一些帮助你记忆的简单方法。比如，如果你没有听清楚对方的姓名，你就要认真地说："对不起，我没有听清，能再说一遍吗？"千万不要只顾面子而稀里糊涂地略过去。

在谈话中，你要将对方的姓名反复记几次，并与对方的面孔、特征等联系起来。还有，等分手后，最好把新认识的人的姓名记在本子上。以后有空闲时，不妨翻翻本子，看着姓名，想想对方的样子。现在通行名片，看起来是为我们记住对方姓名提供了便利。但如果不是真正重视别人，名片反会使我们更快地忘记别人的姓名。因为有了名片，我们就可能不再费劲地去记忆姓名，心想，反正有名片呢。结果，时隔一段时间后，我们就可能只能看着名片发呆，而怎么也想不起这个姓名的主人究竟是长什么样子，这是我们应该注意的。

4. 做个有耐心的听众。有一个小幽默，孩子问母亲："为什么人长着两只耳朵，而只有一张嘴巴？"母亲说："那是要我们多听别人说话，而不是自己多说话。"

实际生活中却是我们自己讲的太多，而很少耐心地听别人把话说完。卡耐基曾谈到一位叫马可生的记者，这位记者说，许多人不能使人对他们产生好印象，因为他们不注意倾听。他们极关心自己下面要说什么，而不打开耳朵。

"大人物们曾告诉我，他们喜欢善于倾听者比善于谈话者多，但能静听的能力，好像比任何其他好性格都少见。"

当我们扬扬自得地谈论着自己，或很不耐烦地打断别人的话，或自以为是地贸然插话……我们能得到对方的好感吗？特别是当别人有了烦闷、伤心事时，想找我们倾诉，我们却不能真诚地倾听，他对我们将多么失望。卡耐基说："如果你想让别人讨厌你，对你敬而远之，那很简单，只要打断别人的话、喋喋不休地夸耀自己，不给别人说话的机会就行了。"

刘庸译著的《不要为琐事烦恼》一书中专门谈到要做个好听众的问题。书中说，对别人的谈话缺乏倾听的耐心与诚意，总是不等对方把话说完就要插进自己的意见，这种表现是我们浮躁性情的写照。书中说，做一个好听众无疑有助于改善你的人际关系。例如，当一个顾客投诉公司的服务时，如果你忙着辩解，他会越讲越生气，但是如果你表现出同情心，让他知道你在听他说话，他生气是有道理的，他的口气就会逐渐放软。

如果你不赞成对方的某些观点，反驳时需要注意两点，一是要让对方把话说完，二是在表达自己的意见时口气要委婉："我记得好像不是这样吧？"就此打住，这已足以让对方懂得你的态度了。如果他还不服气，你也不妨暂不和他争论，等他冷静一些后再说。

听别人谈话，也不能只是被动地接收，还应主动有所反馈，比如不时发出听懂了或赞同的声音，或者有意识地重复你认为有意思的话。如果一时没听明白，可以要求对方说得再详细一些。这样，对方会觉得你是真正专心在听，就会和你更亲近。

听别人说话时，你的表情会告诉对方你是否认真在听。如果你一面听着对方说话，一面下意识地看手表，这会使对方认为你对他已厌倦了，不想再听下去了。因此，除非你是真的不想再听了，否则，就不要有那些不必要的小动作。

人们都喜欢谈论自己。和你谈话的人，对他自己的问题要比对别的问题更关心，因此，你要掌握人们的这种心理，耐心地听别人说，而不要自己太多言。最聪明的心理医生都是好的倾听者，他静静地听完了，才提出自己的建议。有时病人自己说完了，病也就好了一大半，而病人会把治疗的成功归功于医生。改善人际关系，化解人际矛盾，倾听比多言更有效。

5.使对方觉得被重视。人际关系的一条重要法则是"尊重他人，满足对方的自我成就感"。人都希望自己能受到重视，谁也不希望自己被人瞧不起。实际上，每个人都有他的优点，都有值得别人学习的长处。我们没有权利轻蔑他人，承认对方的重要性，并由衷地表达赞美，就能使人际关系和谐愉快。

美国成功学家马尔登也讲过几个重视对方的故事。

有一次，有个要饭的小女孩儿来到一家商店，买了一件不值钱的小玩意儿。临走的时候，商店老板仍不忘记对她说一声："谢谢，亲爱的，欢迎下次再来。"这样的举动无疑是一种活广告，为商店赢来了更多的顾客。另一个故事是关于美国第三任总统杰斐逊的。一天，总统和他的外孙骑马外出，路上遇到了一个奴隶，奴隶向他们脱帽鞠躬，杰弗逊总统也举起帽子作为还礼，可是他的小外孙却对黑奴瞧都没瞧一眼。杰弗逊很严厉地教训外孙："难道你希望一个奴隶比你表现得更像个绅士吗？"

最后，我们再介绍一下美国第三十六任总统林登·约翰逊的"交际十准则"，以供参考：

（1）记住别人的名字。如果你没做到这点，就意味着你对别人不友好。

（2）平易近人，让别人跟你在一起觉得很愉快。

（3）要有大将风度，不要为小事而烦恼。

（4）不要自高自大，做一个谦虚的人。

（5）培养广泛的兴趣和爱好，充实自己，使别人在与你的交往中得到一些有价值的东西。

（6）检查自己，去除所有的不良习惯和令人讨厌的东西。

（7）不结怨仇，消除过去的或现在的与他人的怨情和隔阂。

（8）爱所有的人，真诚地去爱他们。

（9）当别人取得成绩时，去赞赏他们；当别人遇到挫折或不幸时，去同情他们，安慰他们，给他们以帮助。

（10）精神上给别人以鼓励，你也会得到他们的支持。

第五章

塑造好品性：克制来自人性的弱点

　　每一个人都有自己的痛处和弱点。这是深藏在人性中坏的一面给人带来的危机。我们每一个人都应该塑造好的品性。好品性能带来好心境，品性好的人必是美丽的。圣人在世界上始终奉守大自然阴阳一道的变化规律，并以此驾驭万物。因为事物的变化虽然无穷无尽，然而都各有自己的归宿：或者属阴，或者归阳；或者柔弱，或者刚强。柔能克刚，刚能制柔；水能克火，火旺水干。同样的道理：只要我们针对自己的坏品行，用其相反的一面来克制它，并多行多善，日后必能修成正果。当我们以良好的品性来提升自己的灵魂，辅助自己的人生时，我们将会感到无比的充实和平静、惬意和释然。

关于自私：学会付出不图回报

人们活着必然追求自身利益，这是人性最基本的规律。自私是人的本性，没有谁能逃脱这一规律。黎鸣在《问人性》中写道："由于自私基因的控制，人的自私也是根深蒂固、根本难以移动的。自私同样是人类的本性，是它的自然的根性。这几乎可以称之为关于人类的第一大自然规律。""人性自私是真理，是自然规律，所以主张'人性无私'便必有假。"

《读者文摘》中有一篇名为"利用自私"的文章，很有启发性。

美国的一位心理学家在露天游泳池中做了一个有趣的试验，故意安排不同的人溺水，然后观察有多少人会去营救他们，结果耐人寻味。在长达 1 年的试验中，当白发苍苍的老人"溺水"时，累计有 20 人进行了营救；当孩子"溺水"时，累计有 32 人进行了营救；而当妙龄女子"溺水"时，营救人员上升到 50 人。

心理学家称，这个试验可以证明人性中有自私的倾向。虽然同样是救人，但他们在跳下水的那一刻，我知道他们心里在想些什么。

这个试验让人想起一个发生在我们身边的故事。一位职工平时十分吝啬，公司举行募捐等活动时他最多出 1 元钱。但令人奇怪的是，最近他和浙北山区的一位贫困学生结成助学对子，一次性就拿出了 1000 元。

　　其实，每个人的心中都有"基于自己利益"的潜意识倾向，说白了，许多人同时捐助一个人和一个人捐助一个人，当然是后者更具有成就感和期待回报的可能性。

　　人是"自私动物"，这并不是一件可耻的事。重要的是，我们如何认识和利用"自私"，而不是逆"性"而为。

　　一座城市的郊区有一座水库，每年夏天都吸引大批游泳爱好者前去游泳。而水库是城市自来水工厂的重要取水源，为了保持水源的清洁卫生，自来水厂在库区竖了许多"禁止游泳"的牌子，但效果并不理想，人们照游不误。

　　后来自来水厂换了所有的禁止类的标语，公告牌上写着："你家用的水来自这里，为了你和家人的健康，请保持清洁卫生。"结果，库区中的游泳者就鲜见了。

　　人性之私，我们不容回避，那么我们要做的就是营造"我为人人，人人为我"的氛围。我们知道这个世界上需要无私奉献，但事实上，生活中的许多事儿都因为只强调"无私"而收不到良好的效果。

　　以不自私及有意义的方式去奉献自己，我们将成为全世界最富有的人，而且可以克制我们自私的根性。德蕾莎修女认为她自己多么"富有"？她在被问到这个问题时，她的回答是："我多么富有？我太富有了，根本无法计算。我能帮助这么多生病、贫穷、孤独以及迷失的人。"显而易见地，她是以她的奉献多寡来衡量她的财富。就如托尔斯泰曾经说的："我们爱人，不是因为他们能为我们做什么，而是因为我们能为他们做什么。"

曾经听到过这么一个故事：

某个人遇难了，被一人救起，被救者说："你要什么作为回报？""我不用回报，只要求你在别人需要帮助时帮助他。"一天，那人看见一位需要帮助的人，并帮助了他，被帮助者问："你要什么作为你帮助我的回报啊？"那人说："我不要什么回报，只要求你在别人需要帮助的情况下给予帮助。"几个月后，那个人又落难了。当他被救后，呆了，心想：那人不是被我帮助的人吗？那人刚要说话，另一人就马上说："我并不要任何回报，只求你在别人需要帮助的情况下帮他。"

这一个故事，不正应验了"施与爱心，不图回报"这八个字吗？

世上有不少人的才华引起人们的敬慕，但难能可贵的是善举和爱心。若真的善有善报，谁不愿行善？贵在有一颗为他人幸福而不图回报的心，即所谓无私。事实上，生命的精华不在于我们的获得而在于我们的给予。互相交换的法则说明我们必须舍得，才能有所得，透过奉献，我们找到定位，我们"发现"自己。而就像我们所讨论的，这不只是一种利他主义的劝说，还是一种实际的，会让你有实质收获的忠告。人皆爱美，将偏爱之心倾注于取悦自己的个体，又有什么稀罕？唯有向无论美丑的万物施与普遍的超然的爱，才可以成为内心最富有的人。

关于贪婪：知足者常乐

人类是带着欲望降生的。人类天生总有想在某方面求得表现的天性，这是因为我们需要让自己和别人觉得自己是有价值、重要及值得尊敬的。我们带着这种欲望去改变、成长，我们敢于有伟大的梦想去完成伟大的事或是获得大量的财富。而如果能实现自己的理想，我们便觉得人生非常有意义。但是这种感受充其量只是暂时的，它们通常会随着时间的推移而消失。于是我们只好一次又一次地追求，一次又一次地拼搏。然而我们必须了解，在这种情况下，我们的幸福是被抵押的，有很大的风险，因为墨菲定律迟早会来拜访。我们会出差错的，终究会出差错！事情就是这样，总有一天会发生。

当我们失败时，内心通常会开始抱有负面的思想和感受。我们会觉得自己没有价值，甚至认为自己并未拥有身为人的价值。但是，这是不必要的，只要我们有强烈的自觉，绝不要让贪婪的欲望在这个物质世界中的成败影响我们对自己的评价及自尊。然而在我们的一生中，我们的"真实自我"永远都不会改变。这是我们的精华与灵魂，是持续且不会停止的——它是永恒的。

我们每天都必须展开一场物质与精神的搏斗，以找出生活的意义。但是如果一个人的贪欲太强，他们就会掉入这种想法的圈套，他们认为只能通过名利的取得，来向自己及他人证明他们是有价值以及重要的。开着最名贵的跑车、穿着最流行的衣服的那些人，总是能得到最漂亮女孩儿的青睐！所以有许多的年轻人离开学校——找一个低薪工作——去借钱——去买车。

现在假设有个人拥有了一辆车，但是他很快发现这一切并不像广告中所说的那么美好。他会如何？他会觉得更糟！他会痛哭："如果连这样都没用，那我真的是一个失败者！"当然，他仍然相信这只是对"他"没用，他相信这对其他人而言还是有用的！毋庸置疑，将财富的追求视为唯一的人生目标的人将永远无法达到自我实现。

法国杰出的哲学家卢梭用一句特别经典的话形容现代人的物欲，他说："10岁时被点心、20岁被恋人、30岁被快乐、40岁被野心、50岁被贪婪所俘虏。人到什么时候才能只追求睿智呢？"的确，人心不能清净，是因为物欲太盛。人生在世，不能没有欲望。然而，物欲过盛，你就会沦为欲望的奴隶，一生也不得清闲。

物质上永不知足是一种病态，多由权力、地位、金钱之类引发。这种病态如果发展下去，就是贪得无厌，其结局是自我爆炸，自我毁灭。

托尔斯泰曾经向人们讲过这样一个故事：有一个人想得到一块土地，地主就对他说，清早，你从这里往外跑，跑一段就插个旗杆，只要你在太阳落山前赶回来，被旗杆圈起来的地都归你。那人就不要命地跑，太阳偏西了还不知足。太阳落山前，他是跑回来了，但已精疲力竭，摔了个跟头就再没起来。于是有人挖了个坑，就地埋了他。牧师在给这个人做祈祷的时候说："一个人要多少土地呢？就这么大。"正像《伊索寓言》里所说的："有些人因为贪婪，想得到更多的东西，却把现在所有的也失掉了。"

　　所以生活中我们应该明白：即使你拥有整个世界，但你一天也只能吃三餐而已。这是人生思悟后的一种清醒，谁能够真正领悟其中的真谛，谁就能活得更轻松，更潇洒，更自在，白天笑口常开，夜晚睡得香甜，走路感觉踏实，蓦然回首时没有遗憾！

　　人不可能"跳出三界外，不在五行中"，面对浮躁、功利、奢华、喧嚣、各种诱惑，贵在保持清醒的头脑和理智，平和与淡然。这也是人们所说的知足者常乐！赵朴初先生作的《宽心谣》云："日出东海落西山，愁也一天，喜也一天；少荤日素复三餐，粗也香甜，细也香甜；新旧衣服不挑拣，好也御寒，赖也御寒；常与知己聊聊天，古也谈谈，今也谈谈……"其心胸之泰然、超脱，跃然纸上，可谓睿语箴言。

　　人赤条条地来去于这个世界上，不可能永久地拥有什么，当你煞费苦心所获取的一切又在自己赤条条地离开之前交给别人的时候，那将是怎样的一种滋味呢！相反，假使我们能对我们现有的一切感到满足，那么，我们便会活得洒脱，活得快乐，幸福也在其中。所以有人提出："人生是这样短暂，我们纵然身在陋巷，也应享受每一刻美好的时光。"

关于虚荣：只跟自己的心灵赛跑

物质生活中的虚荣行为，主要表现为攀比，其主要信条是"你有我也有，你没有我也要有"，以求得旁人的赞赏与羡慕。社会生活中的虚荣心行为，主要表现为一种自夸炫耀行为，通过吹牛、隐匿等欺骗手段来过分表现自己。例如有的人吹嘘自己是某重要人物的亲戚、朋友，有的人将自己的某些短处隐匿起来，偷梁换柱，欺世盗名。这些情况已蔓延到社会的各个方面。总之，在真实面上制造一处炫目的"光环"，使你真假难辨，而爱慕虚荣者从中得到极大的心理满足。

精神生活中的虚荣心行为，主要表现为一种忌妒行为。虚荣与自尊及面子有关，自尊与面子都要在社会活动中才能得以实现。通过社会比较，个体精神世界中逐步确立起一种自我意识，自我意识又下意识地驱使个体与他人进行比较，以获得新的自尊感。"尺有所短，寸有所长"，一般来说，虚荣心强的人会否定自己有缺点，于是在潜意识中超越自我，有忌妒冲动，因而表现出来的就是排斥、挖苦、打击、疏远、为难比自己强的人，在评职、评级、评优中弄虚作假。

总的来说，虚荣心是一种为了满足自己荣誉、社会地位的欲望，生活中每个人都或多或少地会产生这种欲望。可是，如果你表现出来的虚荣超过了范围，那就成为了一种不正常的社会情感。虚荣心过强的人为了夸大自己的实际能力，往往采取夸张、隐匿、欺骗、攀比、忌妒甚至犯罪等反社会的手段来满足自己的虚荣心，其给人们和社会带来的危害很大。

要克服虚荣心，就必须树立正确的荣辱观，即对荣誉、地位、得失、面子要持有一种正确的认识和态度。人生在世界上要有一定的荣誉与地位，这是每个人心理的需要，每个人都应十分珍惜和爱护自己及他人的荣誉与地位，但是这种追求必须与个人的社会角色及才能相一致才行，而且个人可以和自己的心灵赛跑，铲除虚荣的劣根。

有位哲人说过，与他人比是懦夫的行为，与自己比是英雄。这句话乍一听不好理解，但细细品味，却也有它的道理。所以，对于虚荣心强的人来说，不要受到别人的影响和干扰，应该跟自己的心灵去赛跑。

一个人的虚荣心太强，从而无法欣赏自己真正拥有的东西。事实上每个人都有令人羡慕的东西，也有自己缺失的东西。对于每一个人来说，重要的在于自己内心的感觉，而不在于外在的东西。

所以，要懂得欣赏自己的生活，让自己活得随心所欲，而不是活在虚荣的陷阱之中。你改变什么能让自己感到愉快，那就做什么样的改变；不过，如果改变了之后会让自己不愉快的话，那么不管有多少人说要那么做，你都不要盲从去做。还有，即使你已经知道改变以后会很好，但自己却无力改变的话，也不应该勉强去做。有位哲学家说过："虚荣心很难说是一种恶行，然而一切恶行都围绕虚荣心产生，都不过是满足虚荣心的手段。"这话说得并不过分。因此人们应该坚信：真正的荣誉，在虚荣之外；真正的幸福，在自身之中。

所以，那些虚荣心太强的人，千万不要用沉重的欲望迷惑自己，不要总是看着你还不曾拥有的东西。放下心灵的负担，仔细品味你所拥有的一切，心平气和地观察自己，不要贪婪地盯着某一目标和过高地评估自己。

要想从根本上解决人类的虚荣问题，根本不在于如何破坏它，我们要用"和自己赛跑，不要和别人攀比"的生活态度来面对生活。也就是说要改善我们的内心，诱导虚荣心走向有用的方面去。倘有人因为有钱而虚荣，只要告诉他，把他的钱拿出来经营一种事业，使人类的生活多一种安全的保障，那么，便可以得到人们的原谅了。总而言之，虚荣只要用到对人类社会有利的路上去，它就不但无害，而且有益。

关于忌妒：把它转化为竞争的动力

忌妒，作为人性的弱点，几乎谁都会有那么一点儿。日本学者摩武俊在《忌妒心理学》一书中说："所谓忌妒，就是自己以外的人占了比自己优越的地位，或者是自己所宝贵的东西被别人夺取或将被夺取的时候所产生的感情。"

他说："这种感情是一种极欲排除别人优越的地位或想破坏别人优越的状态，含有憎恨的非常激烈的感情。有了这样激烈的感情，而不一定立刻显现于表面，这就是忌妒。在引发事端的场合，反而是冰山一角，许多忌妒都深藏在人们的心中，使乌漆乌黑的功能发酵，以歪曲的形态爆炸开来。"

法国作家司汤达说："忌妒是诸恶里面最大的恶。"忌妒者如果不能疏解忌妒情感，那么既可能损害自己，又可能损害被忌妒者。

作为一种情感，一种欲望，一种心理活动，忌妒属于精神范畴，但就其实质而言却存在着一种鲜明的趋利性。忌妒是功利计较、名位争夺的一种特殊的表现形式，其最深层面是利益冲突。法国大作家罗曼·罗兰在其名著《约翰·克利斯朵夫》中说过："不结果的树是没人去摇的，唯有那些果实累累的树才有人用石子去打。"

忌妒者常常缺乏的是自信力，更多的是患得患失心理。他们是低能者，自己不思上进也不许旁人出人头地。由于自私作祟，他人的一切优势，才华美貌也好，财富地位也好，功业名望也好，都令他感到是对自己的一种直接威胁，故而非常容易把自己的失败与低能以及由此而产生的失落感、恐惧感化为一种敌意，投射到优胜者身上。如同英国著名历史学家帕金森在《官场病》一书中所指出的：在这种"集无能与忌妒于一身"的场合必然造成人人自危，都把自己的才干隐藏起来，装出一副低能又好说话的模样，而担任着"消灭才干"的侦察员，由于愚蠢之故，即使遇上了才干也会视而不见。

伯特兰·罗素是20世纪声誉卓著、影响深远的思想家之一，1950年获得诺贝尔文学奖。他在其《快乐哲学》一书中谈到忌妒时说："忌妒尽管是一种罪恶，它的作用尽管可怕，但并非完全是一个恶魔。它的一部分是一种英雄式的痛苦的表现；人们在黑夜里盲目地摸索，也许走向一个更好的归宿，也许只是走向死亡与毁灭。要摆脱这种绝望，寻找康庄大道，文明人必须像他已经扩展了他的大脑一样，扩展他的心胸。他必须学会超越自我，在超越自我的过程中，学得像宇宙万物那样逍遥自在。"

如何化解忌妒、利用忌妒呢？下面就告诉你一些有效的方法：

（1）有自知之明，客观评价自己。当忌妒心理萌发时，或是有一定表现时，能够积极主动地调整自己的意识和行动，从而控制自己的动机和感情。这就需要冷静地分析自己的想法和行为，同时客观地评价一下自己，从而找出一定的差距和问题。当认清了自己后，自然也就能够有所觉悟了。

（2）胸怀大度，宽厚待人。19世纪初，肖邦从波兰流亡到巴黎。当时匈牙利钢琴家李斯特已蜚声乐坛，而肖邦还是一个无名小卒。然而李斯特对肖邦的才华大为赞赏，如何才能使肖邦在观众面前赢得声誉呢？李斯特想了妙法：那时在钢琴演奏时，往往要把剧场的灯熄灭，一片黑暗，以便观众能够聚精会神地倾听演奏。李斯特坐在钢琴面前，当灯一灭，就悄悄地让肖邦过来代替自己演奏。观众被美妙的钢琴演奏征服了。演奏完毕，灯亮了，人们才发现这一切。人们既为出现了这位钢琴演奏的新星而高兴，又对李斯特推荐新秀的博大胸襟深表钦佩。

（3）学会正确的比较方法。要想消除忌妒心理，就必须学会运用正确的比较方法，辩证地看待自己和别人。要善于发现和学习对方的长处，纠正和克服自己的短处，而不是以自己之长比别人之短。

（4）寻找新的自我价值，补充自己的失落点。当别人超过自己而处于优越地位时，你应该扬长避短，寻找和开拓有利于充分发挥自身潜能的新领域，以便能"失之东隅，收之桑榆"。这会在一定程度上补偿自己尚未满足欲望的失落点，缩小与忌妒对象的差距，从而达到减弱以至消除忌妒心理的目的。比如，某人虽无真才实学，却善于钻营，平步青云成为你的领导。对此，你大可不必猝发妒情，而应发挥自己的专长，在工作上刻苦钻研，精益求精，同样可以令别人刮目相看。

（5）升华忌妒，化忌妒为动力。不管是在学校学习，还是在单位上班，每个人都要在竞争激烈的环境中客观地看待自己。不要把比自己优秀的同学或同事当成与自己有竞争关系的对手，而要当成自己前进的动力。学会赞美别人，把别人的成就看成对社会的贡献，而不是对自己权利的剥夺或地位的威胁，将别人的成功当成一道美丽的风景线来欣赏，你在各方面将会达到一个更高的境界。

总之，忌妒心理的化解，要结合每一个人的实际情况，有意识地提高自己的思想修养水平，是消除和化解忌妒心理的直接对策。多数人在"有利"与"不利"两种形势的抉择中都会选择趋吉避凶，通过将忌妒转化为动力是提高自我的有效途径。

关于自卑：经常对自己说"我能行"

自卑属于性格上的缺点，是一种因过多地自我否定而产生的自惭形秽的情绪体验。自卑感是一种觉得自己不如他人并因此而苦恼的感情。

个体心理学的创始人阿德勒认为，人在生活中经常会产生自卑感，比如先天的、生理上的缺陷，在家庭中的地位，走上社会后人与人之间的利害冲突，等等，都可能会让人产生不完满、不得志、比别人差的感受。

交往中的自卑心理通常是现实交往受挫，产生消极反应的结果。如失恋，常常就会引起失恋者较长时间的不良情绪反应。

生理上的某些不足引起消极的自我暗示也是导致自卑的一个很重要的原因。由于先天或后天的原因，有些人常因身材矮小、体重过重、五官不正、身体有残疾、缺陷等抑制了自己天性的发挥，于是感到精神压力重重，常常担心自己的缺陷被人耻笑，所以离群索居，不敢主动交往或接受友谊。

还有些人过分看轻自己，也给自己带来了消极暗示，于是在交往中过于拘谨，放不开胸怀，担心自己成为笑料或被人算计。

关于自信心的威力，并没有什么神奇或神秘可言。信心是成功的秘诀。拿破仑曾经说过："我成功，是因为我志在成功。"如果没有这个目标，拿破仑必定没有决心与信心，当然成功也就与他无缘。成功者大都有"碰壁"的经历，但坚定的信心使他们能通过搜寻薄弱环节和隐藏着的"门"或通过总结教训而更有效地谋取成功。

培养自信心的过程简单地说就是这样的：相信"我能行"的态度，产生了能力、技巧与精力这些必备条件，每当你相信"我能行"时，自然就会想出"如何去做"的方法。因此，一个不愿意虚掷生命的人，会有意识、有步骤地培养自己的自信心，克服自卑感。那么怎样才能培养自信心呢？下面列举了几条简单而行之有效的方法：

（1）在心灵深处，对自己的未来发展要形成一个稳定、持久的远景目标和规划。牢牢地把握这一目标，切不可让它消失。你要在心理上作肯定的答复，使这一目标更加明晰。决不要把自己想象为一个失败者，决不要怀疑你的目标的实现，那是最危险的思想。因为你的精神一直在为你的目标的实现而努力。所以，不管当下的情况是如何的糟糕，你都只能设想"成功"。

（2）让自己的想象尽情遨游。要努力阻止任何一个所谓的障碍，把它们的影响减小到最低限度。对困难一定要采取切实有效的办法把它们消灭，千万不要因为畏难心理而过高地估计它们。

（3）每天把这句能产生力量的话念诵10遍："我能，我会，我一定行！"

（4）找一个合适的人选，让他帮你找出做错事的原因，认识自我是一条很重要的线索。

（5）不要因为敬畏别人而去模仿别人。感觉伟人们伟大那是因为你自己跪着。记住：许多人虽然表现出自信，但他们也经常像你一样感到恐惧，对自己表示怀疑。

（6）正确地估价自己的力量，然后，把它提高10%。不要变成一个自我中心主义者，但是要保持应有的自尊。

（7）谋事在人，成事在天，自己要有平常心态，做事情只要尽到自己的最大努力即可。

（8）提醒自己：世界与我同在，我是不可战胜的。

上述这些，其实就是心理暗示法。因为"信心是一种心理状态，可用成功暗示法诱导出来。对你的潜意识重复灌输正面和肯定的语气，是发展自信心最快的方式"。

另外，用一些有形的日常时时能看到的物件来铭记训练提高自己的自信心和勇气，也是一种很有效的方法。

如果你相信自己被打败，那么你就被打败了；如果你认为自己并未被打败，那么你就并未被打败。

如果你想获胜，但又认为自己办不到，那么，你必然不会获胜。

如果你认为你将失败，那你已经失败了，因为，在这个世界上，我们发现成功开始于人们的意识中——完全视心理状态而定。

如果你认为自己已经落伍，那么，你已经落伍了，你必须把自己想得更时尚一点儿。

你必须先肯定自己，才能获得奖品。

生命的战斗并不全是由强壮或跑得快的人获胜；但不管迟早，胜利者，总是自信能获胜的人。

关于自负：谦虚永远受益

翻开《辞海》，"自负"的条目下是简单明了的四个字：自恃，自许。自负，就是过于自信，且看不起其他人，也听不进其他人的意见。

汉朝的时候，在西南方有个名叫夜郎的小国家，它虽然是一个独立的国家，可是国土面积很小，百姓也少，物产更是少得可怜。但是由于邻近地区属夜郎这个国家最大，从没离开过国家的夜郎国国王就以为自己统治的国家是全天下最大的国家。

这就是人们所熟知的"夜郎自大"的成语故事，在现实生活中也有很多人沉浸于夜郎自大……哀其不争，怒其自负！自负的人常挟几分高傲，所以治国平天下可能表现得气势恢宏，却始终难成霸业。秦末农民起义军领袖项羽，自封西楚霸王，未坐定江山便大封诸侯，颇有秦始皇"溥天之下莫非王土，率土之滨莫非王臣"的气概，忽视汉王刘邦的力量，终为其击败，最后从垓下突围到乌江，自刎乌江边。法兰西第一帝国的缔造者拿破仑·波拿巴，据说他在一次过阿尔卑斯山时说："我比阿尔卑斯山还要高。"傲气十足，何等英伟！的确，他一度率兵降服大半个欧洲，使法国资本主义得到充分的发展，但他的自负使之对外侵略扩张的欲望日益强烈，终于发动了以争霸、掠夺和奴役别国为目的的侵略战争，正是这份自负使他有了最后滑铁卢战役的失败，被流放而死在了圣赫勒拿岛。自负，是走向失败的催化剂，全然没有使自己得以继续生存或生存得更好的作用，是属于人自身的一种缺陷！

　　当然，我们也要客观地分析自负这种心理。人，其实是很需要一些貌似妄自尊大实则是敢于争强好胜的夜郎自大精神的，特别是那些弱小者，面对各式各样的挑战，总还是要争一争，比一比，绝对不可以轻言失败。有句话说得好，小人可以得意，但未必可以得志。小人的志愿就是使你屈服，你一天不屈服，他就一天不能得志。无论脸上的表情再怎么装得潇洒，显得从容，都难遂心愿，即便打死了你他也很可能是其志难酬。虽然如此说，夜郎当自大，但在现实生活中，并不是每个人都能真正把握好"自大"的分寸的。而自负又必须建立在客观现实的基础上，脱离实际的自负会影响心理健康。

　　自负实质是无知的表现，俗话说，"自知者明""人贵有自知之明"。因此对于大部分如我等一般人来说，依旧要明白一个最基本的道理：谦虚才是一种美德，也是一种难能可贵的品德。自古就有"满招损，谦受益""谦虚使人进步，骄傲使人落后""虚心竹有低头叶，傲骨梅无仰面花""百尺竿头，更进一步"！事实也是如此，没有一个人能够有骄傲的资本，因为任何一个人，即使他在某一方面的造诣很深，也不能够说他已经彻底精通，彻底研究透了。"生命有限，知识无穷！"所以，谁也不能够认为自己已经达到了最高境界而停步不前，趾高气扬。如果是那样的话，则必将很快被同行赶上，很快被后人超过。

　　爱因斯坦是 20 世纪世界上最伟大的科学家之一，他的相对论以及他在物理学界其他方面的研究成果，留给我们的是一笔取之不尽、用之不竭的财富。然而，即使是他这样伟大的科学家，在有生之年还是不断地在学习、研究，活到老，学到老。

　　有人不解地问：您老可谓物理学界空前绝后的人才，何必还要孜孜不倦地学习呢？爱因斯坦找来一支笔和一张纸，在上面画了一个大圆和小圆，并表示：目前情况下，在物理学这个领域里，我可能比你懂得多一点儿，正如你所知是这个小圆，我所知是一个大圆，然而，整个物理学知识是无边无际的。小圆周长小，即与未知领域的接触面小，你感受自己的未知小；而大圆与外界的接触周长大，所以我更感到自己未知的东西多，因此便更加努力地去探索。这是多么深刻的一番阐述。

　　培根曾说过："人人都可以成为自己命运的建筑师，如果我们愿意放下身价，观摩别人表现杰出的地方，从对方的表现看出成功的端倪，收获最多的，其实还是自己。"

　　这种心态，并非想和对方一较高下，而是向对方虚心学习。这个对象不管是谁，只要你愿意仔细观察，一定可以受益无穷，可以看见别人成功的端倪。

关于猜疑：唯有信任才有奇迹发生

　　《三国演义》中有这样一段描写：曹操刺杀董卓失败后，与陈宫一起逃至吕伯奢家。曹吕两家是世交，吕伯奢一见曹操到来，本想杀一头猪款待他，可是曹操因听到磨刀之声，又听说要"缚而杀之"，便大起疑心，以为吕伯奢要杀自己，于是不问青红皂白，拔剑误杀无辜。

　　这是一出由猜疑心理导致的悲剧。猜疑是人性的弱点之一，历来是害人害己的祸根，是卑鄙灵魂的伙伴。一个人一旦掉进猜疑的陷阱，必定处处神经过敏，事事捕风捉影，对他人失去信任，对自己也同样心生疑窦，损害正常的人际关系，影响个人的身心健康。

　　生活中我们常会碰到一些猜疑心很重的人，他们整天疑心重重、无中生有，认为人人都不可信、不可交。比如有的人见到几个同学背着他讲话，就会怀疑别人在讲他的坏话；有时老师对他态度稍差一点儿，就会觉得老师对自己有了看法；等等。他们总觉得别人在背后说自己的坏话，或给自己使坏。喜欢猜疑的人特别敏感，非常注意外界和别人对自己的态度，别人脱口而出的一句话很可能会琢磨半天，试图找出其中的"潜台词"。这样一来，就不能够轻松愉快地与人交往，久而久之不仅弄得自己心情不愉快，也会影响到人际关系。这种人心中虽有疑惑，但不愿公开，也很少与人交心，整天闷闷不乐、郁郁寡欢。由于自我封闭，阻隔了外界信息的输入和人间真情的流露，便由怀疑别人发展到怀疑自己、怀疑自己的能力，进而使自己变得自卑、怯懦、消极、被动。

毋庸置疑，无端猜疑和防范别人，必将使自己失去支持和帮助，这就等于自己阻挡住了自己前进的道路。实际上，要戒除猜疑的弱点就要信任别人，让自己时刻保持踏实与放心的心态。唯有如此，人们才能够拨开心头的疑云，摘下有色眼镜，将爱和信任洒向人间。

美国西部网络公司芝加哥分公司的会计部每月都得做非常细致、复杂的职员薪金计算，会计部有一名老员工根据自己多年的经验，想到了一套非常简化的薪金计算法。

但是，他却将自己所发明的方法当作秘密保守着，绝不交给其他同事。他的真实目的是，想让自己长久地成为会计部不可缺少和不可代替的人。

罗德曼一从学校毕业，便进入这家网络公司。他当时想，既然那位老员工能够想出来简易的计算方法，那么，大学毕业的自己当然也能想出来。此后几个星期中，罗德曼利用夜晚的时间，来研究简易计算法。结果，他终于也想出了这种方法。

不过，罗德曼并没有像那位老员工一样，把这一方法保密起来，而是自愿地教给了同事们。由此，他成了可以被替代的人，反倒有了可以调升更高职位的机会。

当分公司的经理职位要换新人时，最高管理层没有把职位交给那位老员工，而是给了年轻的罗德曼。

这是罗德曼出人头地的第一步，随后他继续步步高升，42岁时就出任了美国电报电话公司的董事长。罗德曼的成功，除了本人能力很强这一点外，还因为他并不无端猜忌和防范其他同事，而是与他们坦诚相见，彼此信任，最后让自己获得了大家的赏识和公司的信任。

生活中，生性多疑、经常对人抱有防范之心的秘密主义者，确实不少。他们认为，一旦别人盗取了自己的思想并加以评判，那就是在和自己对抗或加害自己。也就是说，他们对别人总是抱着戒备、恐惧的心理。

所以，他们从不敢相信别人，也不愿与他人分享某些积极的成果，更不敢委任别人重任。凡事都要自己控制，这样他们才可以放心。那么，在人际交往中应如何才能消除猜疑心理呢？

（1）优化个人的心理品质。通俗地说就是要加强个人的道德情操和心理品质的修养，拓宽胸怀，以此提升对别人的信任度和排除不良心理的干扰。

（2）摆脱错误思维方法的束缚。猜疑一般总是围绕一个目标不停地打转。只有摆脱错误思维方法的束缚，扩展思路，走出"先入为主""按图索骥"的死胡同，才能促使猜疑之心在得不到自我证实和不能自圆其说的情况下自行消失。

（3）敞开心扉，增加心灵的透明度。只有敞开心扉，多进行坦诚的沟通，让深藏在心底的疑虑来个"曝光"，增加心灵的透明度，才能使彼此之间相互信任。

（4）无视"长舌人"传播的流言。当人们听到"长舌人"传播的流言时，千万要冷静，谨防上当受骗，必要时还可以当面给予揭露。

（5）要学会综合分析被猜疑对象的长期表现。这样有助于将错误的猜疑消灭在萌芽状态。

关于逃避：接受现实才能改变现实

有人说："人生最大的错误是逃避！"

心理学家认为，逃避是一种"无法解决问题"的心态和没有勇气面对挑战的行为。在现实生活中如果畏缩不前，战战兢兢，就永远都不可能得到幸福！

面对压力，面对坎坷，面对厄运，面对打击，有人选择了逃避，有人迎头而上。结果不言而喻，越是逃避越是躲不开失败的痛苦，精神的折磨。

当有些人遇到麻烦与问题时，会做出以下判断："那一定是别人的错。"生活中也经常有人这么认为：如果什么东西不见了，一定是别人动它了；汽车运行不正常了，一定是机械师没有正确地修理它……

这种类型的人主要表现是：逃避自己，责怪别人。在个人层次上，心理学家分析说，人们从不对自己的行为、问题或幸福负全部责任。在人生道路上，那些逃避的人不敢正视现实，不能正确剖析自己，还不时地抱怨别人，走不出外在控制的模型。

美国社会学家爱伦在《人的误区》一书中，从人的心理素质方面，把人分为内在控制型和外在控制型两种。他指出，如果一个人认为其他人或其他事物应该对自己现在的情况负责，这个人就是外在控制型的。而内在控制型的人勇于为自己的情感承担责任。他指出，生活中有 1/4 的人为自己的情感承担责任，而其余 3/4 的人则将一切归咎于外界因素。他举了一个例子来说明。

一位心理学家，有一次在给学生上课时拿出一只十分精美的咖啡杯，当学生们正在赞美这只杯子的独特造型时，他故意装作失手的样子，咖啡杯掉在水泥地上成了碎片，这时学生中不断发出惋惜声。心理学家指着咖啡杯的碎片说："你们都对这只杯子感到惋惜，可是再怎么惋惜也无法使咖啡杯恢复原形。如果今后在你们生活中发生了不可挽回的事时，请记住这只破碎的咖啡杯。"这是一堂很成功的心理素质教育课，学生们通过摔碎的咖啡杯懂得了，人在无法改变失败和不幸的厄运时，要学会接受它，适应它。

完全接受已经发生的事，是克服不幸的第一步。任何人遇上灾难，情绪都会受到较大的影响，这时一定要控制好情绪的转换器。面对无法改变的不幸或无能为力的事情，耸耸肩，默默地告诉自己："忘掉它吧，这一切都会过去！"从个人幸福的角度来说，责怪别人与逃避问题对事情的发展是无益的，同时也会让自己感到非常的焦虑。责怪别人是要耗费大量脑力的，它是一种制造压力和不安的"拖自己下水"的思维模式。逃避使人对自己的生活感到无能为力，因为他的幸福建筑在无法控制的行动和行为上。如果人们能接受现实，那么将会获得改变自我的巨大力量。把自己看成决策者时就会懂得，内心的不安是自己在情感创造中起了关键作用，也就是说，在创造新的情感的心理活动中，自己起关键作用。停止逃避，生活会产生更多乐趣并更易于控制。

选择逃避并不是一种正当的行为，它本身就代表一种怯懦。在成功的道路上，怯懦心理也是一块绊脚石。

美国心理学家麦迪逊在他的名著《心理疾病》中说："病态心理中，最隐秘而又最严重的是怯懦心理。"有时一个人表面装出不屑一顾的样子，实则是因为骨子里的懦弱，没有面对挑战的勇气，导致自己选择逃避，没有承担责任的真诚。

有人说，一个人在心理状况糟糕的时候，不是走向逃避和崩溃，就是走向担当和希望，有些人之所以一再地不如意，根本原因就是他们选择了逃避。如果我们能善待自己，接受现实，容纳他人，并不断克服自己的缺陷，克服逃避的心理，那么我们一定会拥有美好的人生！

如果你总是害怕接受现实，老是选择逃避，那么请接受以下这些建议：

假若你必须向别人交代，与其替自己找借口逃避责难，不如勇于接受现实，在别人没有机会把你的错到处宣扬之前，对自己的行为负起一切责任。

如果你在做事过程中出现失误，要立即向上级汇报。这样当然有可能会被大骂一顿，可是在上级的心中却会认为你是一个诚实的人，将来也许对你更加倚重，你所得到的可能比你失去的还多。

如果你所犯的错误可能会影响到其他的人，无论是同事还是朋友，都要赶在他们找你"兴师问罪"之前主动向他道歉、解释。千万不要企图自我辩护，抱怨别人，推卸责任，否则只会火上浇油，令对方更加生气。

　　每个人在人生之路上都会遇到不同程度的挫折和困难，尤其是当你精神不佳、身心疲惫、承受太沉重的生活压力时，更要用正确的态度对待它。出现问题不算什么罪大恶极的事，只有放下面子，不再固守所谓的自尊，人才能坦诚地面对自己、面对别人。改善之后，你仍然是你，但此刻的你，已非以前的你所能比的了。记住：你比以前更强了。

关于浮躁：倾听内心宁静的声音

　　浮躁常常表现为：心浮气躁，朝三暮四；自寻烦恼，喜怒无常；焦虑不安，患得患失；东一榔头西一棒槌，既要鱼也要熊掌；这山望着那山高，静不下心来，耐不住寂寞，稍不如意就轻而言弃，从来不肯为一件事竭尽全力；等等。在工作和学习中，浮躁往往会使你的心性不得安宁，任何事情都会让你大动干戈。好事一来，往往会兴奋得难以自制，甚至得意忘形。但若有坏事光临，便会立即坠入痛苦的万丈深渊，痛不欲生，仿佛世界末日就要来临。

　　在人生之中，是什么使我们的学习或工作计划一再搁置和拖延呢？是什么使我们的目标、理想化为泡影呢？是什么使我们的生活杂乱无章呢？是浮躁所引起的意识和行为的不能自制，被浮躁控制的直接后果便是一事无成。从更深层次上去看，浮躁已默默地、不知不觉而又确确实实地支配着我们的行动，渗透在学习、婚姻、工作、事业之中。也许是现在的生活真的不比从前了，社会变革对原有结构、制度的冲击太大，一些原有体制正在解体或成为改革的对象，而新的制度又尚未建立起来。在这种情况下，人们很难对自己的行为进行预测，很难把握自己的未来。同时，伴随着社会转型期的社会利益与结构的大调整，有可能使一部分原来在社会中处于优势的人"每况愈下"，而原来在社会中处于劣势的人反而占据了优势。每个人都面临着一个在社会结构中重新定位的问题，即使是千万大款也不能保证自己永远挥洒自如。那些处于社会中游状态的人更是患得患失，战战兢兢，在上流与下游两个端点间做文章，于是，心神不宁，焦躁不安，迫不及待，就不可避免地成为一种社会心态。

于是，在社会生活中，我们经常看到一些人做事缺少恒心，见异思迁，急功近利，不安分守己，总想投机取巧，成天无所事事，脾气大。面对急剧变化的社会，他们不知所为，对前途毫无信心，心神不宁，焦躁不安。由于焦躁不安，情绪取代理智，使得行动具有盲目性，行动之前缺乏思考，只要能赚到钱，违法乱纪的事情都会去做。当然也有人在风云变幻中依然泰然自若，气定神闲。

有这样一个小故事：三伏天，禅院的草地枯黄了一大片，"快撒些草籽吧。"徒弟说，"别等天凉了。"师父挥挥手说："随时。"中秋，师父买了一大包草籽，叫徒弟去播种，秋风疾起，草籽飘舞。"草籽被吹散了。"小和尚喊。"没关系，吹去者多半中空，落下来也不会发芽。"师父说，"随性。"撒完草籽，几只小鸟即来啄食，小和尚又急了。师父翻着经书说："没关系，随遇。"半夜一场大雨，弟子冲进禅房："这下完了，草籽被冲走了。"师父正在打坐，眼皮都没抬说："随缘。"半个多月过去了，光秃秃的禅院长出青苗，一些未播种的院角也泛出绿意，徒弟高兴得直拍手。师父站在禅房前，点点头："随喜。"故事至此，也许你一定能看得出，徒弟的心态是浮躁的，而师父的平常心却是成熟而理性的。

师父的理性与平常心，尤其值得浮躁的人学习与领悟。

一位老师问他的学生：你心目中的人生美事为何事？学生列出"清单"一张：收获健康、才能、美丽、爱情、名誉、财富……谁料老师不以为然，说："你忽略了最重要的一项——心灵的宁静。没有它，你得到上述种种都会给你带来可怕的痛苦！"

繁忙紧张的生活容易使人心境失衡，如果患得患失，不能以宁静的心灵面对无穷的诱惑，就会感到心力交瘁或迷茫骚动。

唯有宁静的心灵，才能使你眼不热，心不慌，对于沉重的外物不奢求，不乞求，不羡慕。很多时候，我们的内心都为外物所遮蔽、掩饰，浮躁的心情占领了我们的整颗心。而宁静可以沉淀出生活上许多纷杂的浮躁，过滤出浅薄粗陋等人性的杂质，可以避免许多鲁莽、无聊、荒谬的事情发生。

唯有获得宁静的心灵，才有持之以恒、任劳任怨的务实精神。务实就是实事求是，不自以为是的精神，是开拓进取的基础，没有务实精神，开拓进取只是花拳绣腿，这个道理应该是人人都懂的。任何浮躁的人想要进步都是困难的。

唯有获得宁静的心灵，才会冷静地考虑问题，从现实出发，不会跟着感觉走，不受浮躁的干扰和影响。这样命运就掌握在自己手中，道路就在脚下，看问题要站得高、看得远，切实做一个实在的人。

最后还要说一句：浮躁是人生最大的敌人。无论你要获取幸福快乐，还是要获取功成名就，都必须拭去心灵深处的浮躁。人生之美，美就美在同老人一样沉稳与安静，美就美得有意义、有价值。

关于完美：尽力就是万岁

世界上根本就没有一次完全做好准备的旅途。等你全部准备好了，恐怕事情本身已经没有任何意义。一个人要想永远立于不败之地，光有细致周全的计划是不够的，还必须敢于在一次又一次的挑战中战胜自己，这种挑战就包含战胜自己对完美的追求心。

一位胆小如鼠的骑士将要进行一次远途旅行。他竭尽所能准备好应付旅途中可能遇到的各种问题。他带了一把宝剑和一副盔甲，为的是对付他遇到的敌手；一大瓶药膏，为的是太阳晒伤皮肤或被藤条刮伤皮肤后进行处理；一把斧子，用来砍木柴；一顶帐篷、一条毯子、锅和盘子以及喂马的草料。

他终于上路了——"叮叮""当当""咕咕""咚咚"，好像一座难以移动的废物堆。

当他走到一座破木桥的中间时，桥板突然塌陷，他和他的马都掉入河中，淹死了。临死前那一刻，他很懊悔，他忘了带一个救生筏。

故事中的骑士到死还没有醒悟，他所想到的死因只会让他更深一步陷入死亡的深潭。无论他抱有多么完美的想法都无法使他实现对完美的追求，因为，生活中每一件事都想做得完完美美的人，结局注定很悲哀。

心理学研究证明，试图达到完美境界的人与他们可能获得成功的机会，恰恰成反比。追求完美给人带来莫大的焦虑、沮丧和压抑。事情还没有开始时，他们就在担心着失败，因生怕做得不够好而忧心忡忡，这就妨碍了他们全力以赴去获取成功。而一旦惨遭失败，他们就会心灰意冷，想赶紧从失败的境遇中逃出去。他们不从失败中获取任何教训，而只是想方设法让自己避免尴尬的场面。

非常明显，背负着追求完美的精神包袱，不用说在事业上不能谋求成功，而且在自尊心、家庭问题、人际关系等方面，也不可能获得满意的效果。抱着这样一种不正确和不合逻辑的态度对待生活和工作，是永远不会幸福的。相反，我们做任何事情都要抱着尽心尽力的态度，这样才能够摆脱完美的束缚。只要尽力了，就可问心无愧了，不管事情的结果怎样，心中总会找到一丝欣慰。

总之，抛弃完美主义的思维方式而是尽心尽力地做事情，你就会常常感到轻松愉快，而且还会感到自己富有创造力，工作效率显著，因而充满自信。

如何从追求尽善尽美的诱惑中摆脱出来，心理学家认为：

（1）为自己确定一个短期的目标。寻找一件自己完全有能力做好的事，然后努力把它做好。这样你的心情就会轻松自然，办事也会较有信心，感到自己富有创造力和成就感。事实上，你不追求出类拔萃，而只是希望表现良好时，你会出乎意料地取得最佳的成绩。

目标切合实际的好处不仅于此，它还为你提供了一个新的起点，能使你循序渐进地摘取事业上的桂冠。同时你的生活也会因此而丰富起来，变得富有色彩，充满人情味，并不像你原来所想的那样暗淡。

（2）接受不完美的现实。世上没有十全十美的人，没有十全十美的事，这就是客观现实，不要逃避，要接受。

（3）尽心尽力地去做事情。比如：你很希望能够证明你的能力，只要尽心尽力地去做就够了。因为完美主义者对计划、秩序、组织有特别的需要。但你切记别过了头，最好把这个本领用在工作上。如果开始做任何事之前，你需要一个完美的计划才行动，你就会一事无成，因为很多事情都没有完美的答案，或者是当你开始干了之后，才知道什么是最合适的。相反，尽心尽力地去行动，你将获得成功的机会。

（4）改变认知，即使做错事也没什么。

完美主义者是仔细周到的人，但是，你要小心，不要总是指出别人的错误，让别人反感或紧张。也不要因为别人做事不合你的要求而大包大揽，尤其是对你的孩子或者亲人。你喜欢干净整洁，但小心不要让家人和朋友在你的家里感到待在哪儿都不合适。

如果你把发现问题的敏感用在发现自己的缺点和别人对你的态度上，你就会容易受伤，因为你以为人人都会像你那样三思而后行。例如，有一个办事随随便便，说过的事情过后就忘的人，说过请你吃饭之后就没下文了，你会深深地受到伤害，因为，你可能精心地为这次赴宴准备了一整天。另外，生闷气的习惯，对你的身体也有坏处。

第六章

宠辱不惊，去留无意：掌控情绪才能操纵一切

大思想家詹姆斯说："我们这一代最伟大的发现，就是人类可以凭借改变态度而改变自己的命运。"一个人只有调节好心态才能操纵好一切。实际上，在成功的道路上，我们最大的敌人并不是缺少机会，或是资历浅薄，而是缺乏对自己内心世界的掌控。掌控情绪，是走向成功的第一步。

心态决定命运

心态是人的心理态度的简称，指人的各种心理品质的修养和能力。具体地讲，心态就是人的意识、观念、动机、情感、气质、兴趣等心理素质的某种体现。它是人的心理对各种信息刺激做出反应的趋向，而这种趋向对人的思维、选择、言谈和行动具有导向和支配作用。正是这种导向和支配作用决定了人们事业的成败，决定了人们的命运。

有两位年届七十的老太太，一位认为到了这个年纪可算是人生的尽头，于是开始料理后事；另一位却认为一个人能做什么事不在于年龄的大小，而在于自己的想法，于是，她在 70 岁高龄之际开始学习登山，最终以 95 岁高龄登上了日本的富士山，打破攀登此山年龄最高的纪录，她就是著名的胡达·克鲁斯。所以说：心态决定思维，心态决定行动，心态决定成功和失败，心态决定一个人的命运。一位伟人说："要么你去驾驭生命，要么是生命驾驭你；你的心态决定了谁是坐骑，谁是骑师。"

掌控情绪，是走向成功的第一步。人的一生会遇到无数苦恼，也会面临无数机会。这需要每个人花费大量的精力去分析、判断、归纳、总结。每一个步骤，不是亲人、朋友能代替你选择的，而需要你自己作出理智的抉择，即你的人生完全由你控制。

当你的心填满愤怒、憎恨、孤独、空虚时，你怨天尤人；被误解、轻视、责难、攻击，你满腹牢骚。于是，你否定了自己，逐渐消沉。当你觉得兴奋、欢欣、幸运时，你得意忘形；被赞扬、肯定、赏识、重用、提拔，你目中无人，不可一世。于是，你扼杀了自己的前途，一败涂地。出现挫折，你愁眉苦脸；偶有胜利，你忘乎所以。于是，你完全失去了自我控制的理智。毫无疑问，坏情绪会毁了人的一生。

大思想家詹姆斯说："我们这一代最伟大的发现，就是人类可以凭借改变态度而改变自己的命运。""凭借改变态度而改变自己的命运"，这是一个很重要的命题，那么如果我们能够保持积极的心态，掌握自己的思想，并引导它为自己明确的目标效力的话，便可以享受下列成果：

为你带来成功的意识；

引发健康的心理；

能表现自我的工作；

内心非常平静和充实；

没有恐惧；

建立信心；

使自我免于陷入困境；

能够了解自己和他人的智慧。

可见，积极的心态是获得财富、成功、幸福和健康的力量，可以使人攀登到人生的顶峰。让我们举一个例子：有一个人，22岁做生意失败；23岁竞选州议员失败；24岁重操旧业做生意赔得一无所

有；26 岁，情人死去；27 岁精神崩溃，几乎住进疯人院；29 岁再
次竞选州议员，再次失败；31 岁竞选国会议员失败；39 岁再次竞
选国会议员，再次失败；46 岁竞选参议员失败；47 岁竞选副总统失
败；49 岁再次竞选参议员，再次失败。他就是美国总统——亚伯拉
罕·林肯。而他的人生信条是：永不言败。他始终相信他终有一天
会成功的。最终，他在 51 岁时竞选总统成功，成就了一番永垂史册
的伟业，成为美国历史上与开国元首华盛顿齐名的最伟大的总统。

反之，你保持一种消极的心态，而且将之渗透到你的思想之
中，影响你的工作和生活，你将会尝到下列后果：

贫穷与凄惨的生活；

生理和心理的疾病；

使你变得平庸；

引起恐惧以及其他破坏性的结果；

限制你帮助自己的方法；

敌人多，朋友少；

产生人类所知的各种烦恼；

成为所有负面影响的牺牲品；

屈服在他人的意志之下；

过着一种毫无意义的颓废生活。

可见，消极的心态，会剥夺一切使你的生活有意义的东西。消
极的结果，是形成被消极环境束缚的人。

当今社会是一个开放的竞争社会，每个人都要在这个激烈的社
会环境中求生存、图发展。重要的是人们要及时调整自己的心态，

顺应时代的变革，让自己拥有健全的人格，良好的社会适应能力，面对困难挫折，处之泰然，不管发生了什么不幸的事情，都要抱着积极的人生信念。我们不能左右风的方向，但我们可以调整船的风帆。成功是由那些抱着积极心态的人所取得的，并由那些以积极心态努力不懈的人所得到。奇迹也是凡人创造的。成功人士的首要标志是他想问题的方法。一位成功者说过，90%的失败者其实不是被别人打败，而是自己选择了放弃。一个人如果积极思考，喜欢接受挑战和应付麻烦事，那他就成功了一半。其实，人与人的差别只是一点儿点儿，但这小小的差别所导致的结果截然不同。成功人士与失败者的差别是：前者始终用最积极的思考、最乐观的精神和最丰富的经验支配和控制自己的人生；后者刚好相反，他们的人生是受过去的种种失败与疑虑所引导支配的。

掌控情绪 = 掌控健康

我们都有着基本的情感需要，例如和人交往、对人表达的需要。有医学研究认为，情绪和情感就是我们身体的一种生物反应。这5种情绪：痛苦、愤怒、恐惧、快乐以及爱，是和我们的身体直接相关的。谁了解自己的情绪，谁就能充分合理地利用它们，谁就能操控、驾驭它们。谁要是不了解自己的情绪，就只能无助地听任它们的摆布，成为情绪的奴隶。情绪这个东西，从我们出生以来跟随至今。似乎，除了表达它或者隐藏它，我们别无他法。不过，现在，专家在进行了许多的研究之后，告诉我们，情绪对我们的生理和心理健康有许多的作用。所以，不时地审视你自己的情绪，对健康不无裨益。

科学家们研究发现，大脑的情绪中心与免疫系统有着直接的联系。现代医学认为，良好的情绪可使机体生理机能处于最佳状态，使免疫抗病系统发挥最大效应，抵抗疾病的袭击。许多医学家认为，躯体本身就是良医，85%的疾病可以自我控制。因此，有的心理学家把情绪称为"生命的指挥棒""健康的寒暑表"。靠健康的心态战胜疾病的例子屡见不鲜，相反，不良情绪能够致病，影响健康。在实际生活中，这方面的例子太多了。比如，有的棋迷遇到旗鼓相当的对手，由于极度紧张而中风，甚至丧命；一些演员因为过度兴奋、紧张而失眠；第一次怀孕的妇女因为紧张而早产；美国因为交通拥挤，汽车司机中患消化性溃疡的人越来越多。人们还发现：失恋，失去心爱之物，极度悲伤，往往导致精神分裂；暴怒时和暴怒后会感到腹部剧痛，血压上升；怒而不发的人常常发生十二指肠溃疡；长时间的脑力紧张、过分激动、争吵骂架、丧事临头，会诱发冠心病、心绞痛和心肌梗死。英国一位研究癌症的医生，调查了250多名癌症患者，发病前，精神上受过严重打击的就有156人。无数事实说明，人的生理活动是心理活动的基础，同时，心理活动又不断反作用于生理活动。我国2000多年前的医书《黄帝内经·素问》就指出："余知百病生于气也，怒则气上，喜则气缓，悲则气消，恐则气下，寒则气收，炅则气泄，惊则气乱，劳则气耗，思则气结，力气不同，何病之生。"以后许多中医典籍也都有"忧伤肺""怒伤肝""思伤脾"和"恐伤心"的说法。现在，一些医生则把人们的情绪具体归纳为两类：一类是不愉快的情绪，包括愤怒、焦急、害怕、沮丧、悲伤、不满等；还有一类与此相反，是愉快的情绪，包括希望、快乐、勇敢、恬静、好感、和悦等。前者过分刺激人体的器官、肌肉和内分泌腺，有害健康；后者则给予人体以适度的刺激，促进健康。

为了让自己身心更加健康，我们需要学习掌控自己的情绪。掌控情绪意味着，你能通过给自己充电、拥有对自己、对生活、对世界的健康信念来改变自己的不健康情绪。这些信念，会给我们带来诸如勇敢、容忍、同情这些更为健康的情绪和心态。

有这么一首小诗："你要是心情愉快，健康就会常在；你要是心境开朗，眼前就是一片明亮；你要是经常知足，就会感到幸福；你要是不计较名利，就会感到一切如意。"如果我们能有一份好心情，提高适应环境的能力，保持乐观向上的精神状态，使自己进入洒脱豁达的境界，那就掌握了生命的主动权。

那么我们如何才能掌握生命的主动权，克服不良心态对健康的影响呢？

（1）必须得重视自己的心理保健。正如古语所说："心病还须心药医。"首先要自觉地消除思想上的偏差，人生不可能总是高潮，更不可能事事如意。对待生活要有一颗平常心，只有这样，才能在不顺心时不致陷入烦恼的泥坑而不能自拔。只有善于保持良好的心理状态，才能为自己营造出良好的生理状态，从而赢得"健康人生"。

（2）勇于面对新生活，主动体验生活中的不同乐趣——既能在激荡人心的活动中体验激情的热烈奔放，又能在平淡如水的日常生活中享受悠然自得的生活情趣；既能在群体活动中感受快乐，又能在独自生活时感到充实。只有这样，才能避免产生心理上的反差而诱发情绪短路。

（3）适当地"糊涂"是医治情绪病的良方。对人对事，只要不是原则问题，大可"糊涂"待之。"糊涂"，指不去事事计较谁是谁非；不去时时考虑个人得失；不去每每分析谁占了我便宜；不去常常思量自己有没有吃亏。大气量者，身心自会矫健。

（4）要加强理智对情绪的调控作用。古语云"物极必反"。这就是提醒我们，"乐极"与"气极""怒极"都不好，应该时常注意保持适度的冷静和清醒，在欢乐、顺心时，主动降温；遇苦闷或失落时，要换个积极的想法；事物都有多重性，受很多因素制约，要从有利及好的一面去想，自能摆脱情绪困境。也可用"以反制反"的方法来调整自己。如静极就外出活动一下；闹极就避开静一静；闷极就找人说一说……只要不断学习，坚持用正确的人生观、世界观指导自己的思想感情和行动，就能做到以理智控制情绪保康宁。

如何保持积极健康的心境可谓是一门艺术，这需要你下一番功夫才行。具体来说，你可以采取以下的措施：

第一，调整你的思维。

一位叫丹的妇女一见面就告诉医生："我知道你帮不了我，医生。我简直糟糕透了，我把工作做得一团糟，老板肯定要解雇我了。昨天我的老板说要调动我的工作，他说是提升，可是如果我干得很好，为什么还要调动呢？"

就这样，她越说越悲伤。其实2年前丹刚拿到工商管理硕士学位，薪水也不低，这听起来并不算失败。

第一次会面结束的时候，丹的治疗医生告诉她把平时的所想记下来，尤其是晚上难以入睡的时候。下次治疗，医生看到丹的记录这样写道："我并不精明，我之所以走到这一步，只是侥幸而已。""明天将会有一场灾难，我从未主持过会议。""老板今天上午一脸怒气，我做错什么啦？"

丹承认说，"仅仅在一天里，我就列出了28条否定自己的思想。难怪我总是无精打采，愁容满面呢。"

如果你情绪低落，那么就要调整自己的思维，尽量往积极的一面去想。

第二，排除毁灭性的词语。

有些人总喜欢说，我"只不过是个小秘书""仅仅是个小店员"，我们就是用这些"只不过""仅仅"来贬低自己的职业，进一步说，就是贬低我们自己。

对于我们来说，罪魁祸首就是"只不过"和"仅仅"。如果把这些去掉，变成"我是一个店员"和"我是一个秘书"，这些话就毫无抵损意义了。两个陈述都向随后而来的积极一面打开了大门，就是说"我正走在成功的路上"。

第三，向消极思想说"不"。

有些人似乎在任何时候都能充分使用积极的心态，有些人开始时使用，然后就停止使用了。但是，另一些人并没真正地开始使用这种积极的心态。

一件事对于不知事实或缺乏实际知识的人来说，似乎是合乎逻辑的；对于知道事实或具有实际知识的人来说，就可能是不合逻辑的了。当你在做决定的时候，如果不肯保持开朗的心胸和学习态度，那就是愚昧无知。消极的心态会在愚昧无知的基础上不断地生长。

具有积极心态的人可能不知道事实，也缺乏实际知识。他可以不了解情况，然而他认识基本的前提——真理就是真理。因此，他就力图保持开朗的心胸，增长见识。

现在让我们再审视一下我们心理上的蛛网，这些似乎还存留在

200

你的脑中：

(1) 消极的感情、情绪、激情、习惯、信条和偏见。

(2) 只看到别人眼中的"横梁"。

(3) 由于语义上的误解所产生的争论和误解。

(4) 由于虚假的前提而作出的虚假结论。

(5) 把概括一切的限制性的词或词组作为基本或次要的前提。

(6) "需要"有可能迫使人有不诚实的想法。

(7) 不清洁的思想和习惯。

这样，你就可以看到蛛网有许多种——有些是细小的，有些是巨大的；有些是脆弱的，有些是结实的。然而，如果你把自己的蛛网再列一张表，仔细检查每个蛛网的各条蛛丝，你就会发现它们都是由消极的心态编织而成的。你把它们考虑一会儿，然后你会发现惰性是产生蛛网的根源。惰性会使你无所作为，如果你转向错误的方向，它就会使你不去抵抗或不思停止。

所以，你要下定决心，从言行上根除这种"消极心态"。因为对于这种消极的心态，最好的消除办法是，无论对什么事都要表示积极肯定的主张。由于这种把积极想法说出来的做法具有相当于内心中呼应的积极力量，因此它能使你感到一切都将顺利地进行。

第四，扭转思维方向。

你还记得自己无精打采的时候，忽然有人说："我们出去玩会儿好吗？"你是怎么一下子精神振作起来的呢？你改变了思维的方向，心情一下子开朗起来。

现在就扭转感觉方向，练习一下把痛苦的焦虑转变为主动解决问题的心理状态。如果你害怕飞行，那么当飞机起飞或降落时，可以把注意力集中到机场的灯光或跑道上。在飞行中，你可以想一些快乐的事情。

通过调整自己的思维，你可以发现另一个自己及周围的另一个世界。乐观精神会推动你向前，消极悲观会使你陷入困境。

培养自己这种习惯：保持最好的自我，成为你最想成为的"那个你"。尤其要记住自己受人赞美的地方。那就是真实的你，使之成为指导你一生的参照物——最好的自我形象。

你会发现重新调整感觉的做法就像磁石一样吸引你，当你设想使自己达到了目标时，你会感觉到这块磁石的力量。

如果你以不同的方式思想，会有不同的感受和行为，这全在于你如何扭转自己的思想。正像诗人约翰·弥尔顿写的："心灵可以把天堂变成地狱，也可以把地狱变成天堂。"

给情绪做一个全面体检

　　毫无疑问，保持良好的情绪对于每个人来说都是非常重要的。情绪产生的原因是多方面的，学习工作的成败、生活的顺逆、人际关系的好坏、个人健康状况及自然环境的变化等，都可能会影响到情绪。应该来说，对人的心境起决定作用的是人的理想、信念和世界观。失败和挫折可能会使人悲观消沉，而对具有科学人生观和崇高理想的人来说，失败和挫折从不会吓倒他们，他们总会更加朝气蓬勃地前进。如果你时常把坏情绪带到生活中，请仔细地分析、评估你的生活，尽可能地找出其中的积极因素，哪怕是非常微小的一部分，也要由衷地庆祝一下，以培养你的乐观和自信。更为重要的是，你应该不断地学习并充实自己，使自己的内在生活更加丰富。如此一来，生活中的种种不如意也就不会致使你消沉和失望。事实上，上面的测验并不只是测知你的心境，它涉及你的个性的许多方面，请你仔细体会。

　　没病也要常去医院体检！现代人越来越注意自己身体的健康，健康体检已经成为人们必做的功课。健康体检是在身体健康时主动到医院或专门的体检中心对整个身体进行检查，主要目的是通过检查发现是否有潜在的疾病，以便及时采取预防和治疗措施。体检的程序变得越来越复杂，体检的内容已经越来越全面，情绪体检也应当算是健康体检的一部分，其共同要求为：

（1）不要等到坏情绪蔓延的时候才去检查；

（2）在体检的过程中要认真对待，不能马马虎虎；

（3）对于结果更要虚心接受，不能潦草应付。

可是，情绪体检又有一些特殊的地方，它不像健康体检一样一定要到专门的医院里才能解决，我们每个人都能够做自己的情绪医生。

如何对自己的情绪做一个全面的体检，我们必须首先来了解一个概念——EQ，中文简称为"情绪智商"，由美国哈佛大学心理系教授丹尼尔·戈尔曼在 1995 年出版的书中提出。戈尔曼认为，EQ 包括抑制冲动、延迟满足的克制力，包含了如何调适自己的情绪，如何设身处地地为别人着想、感受别人的感受的能力，以及如何建立良好的人际关系、培养自动自发的心灵动力。

简单来说，EQ 是一种为人的涵养，是一种性格的素质。

一个人的情绪智商包括哪些内容呢？目前国际公认的大略是以下这 5 个方面的内容：

（1）认识自身的情绪。认识情绪的本质是 EQ 的基石，这种随时随地认知自身的能力对于了解自己至关重要。了解自身真实感受的人才能成为生活的主宰，否则必然沦为情绪的仆人。

（2）管理情绪。情绪管理必须建立在自我认知的基础上。在管理情绪这方面做得不够的人往往非常容易走进低落、愤怒或者恐惧的情绪陷阱中，而能掌控自身情绪的人则能很快走出命运的低谷，重新奔向人生新的驿站。

（3）自我激励。自我激励包括两方面的意思：一是通过自我鞭策来提高或者保持对生活和工作的热情，激励自己越挫越勇，不轻言失败，这是一切成功的动力；二是通过自我约束来克制冲动和延迟满足，这是获得任何成功的保证。

（4）理解他人情绪。善于设身处地地理解别人的心思，这是我们了解他人需求和关怀他人的必备条件。戈尔曼用同理心来概括这种心理能力。"同理心"是同情、关怀与利他主义的基础，富有同理心的人常能从细微处体察出他人的需求。

（5）人际关系管理。恰当地管理他人的情绪是处理好人际关系的一种艺术。在这方面的能力强则意味着他的人缘非常好，比较适于从事组织领导工作。当然，这种能力要以同理心为基础。

在这五个方面中，前三个方面只涉及"自身"，是对自己情绪的认识、管理、激励与约束；后两个方面则涉及"他人"，要富有同理心地理解他人情绪，并通过妥善管理他人情绪来开发自己的人脉资源。换句话说，EQ的基本内涵实际上包括两个部分：第一部分是要随时随地认识、理解并妥善管理好自身的情绪；第二部分是要随时随地认识、理解并妥善管理好他人的情绪。

如何进行情绪体检？我们可以用下面四点来概括：一是察觉及表达情绪；二是在脑海中想象情绪状态；三是分析情绪成因；四是制定管理办法，其条理性和可操作性都非常强。其实只要在情绪体检中认真细致地考虑到以上各个方面，就可以算作一场有效的体检。而且，更重要的是，在体检完毕后，我们要有坚定的信念去努力管理好自己的情绪。

解除忧虑的万能公式

众所周知，忧虑对人们的身心健康有很大的危害。那么面对忧虑，人们应该怎么办呢？答案是：我们一定要掌握以下三个分析问题的基本步骤，来解决各种不同的困难。这三个步骤是：看清事实；分析事实；作出决定，然后照办。

太简单了吧？不错，这就是解除忧虑的万能公式。如果我们日夜生活在忧虑之中，就必须运用它。

我们先来看第一步：看清事实。

看清事实为什么如此重要呢？因为除非我们能够把事实看清楚，否则就不能很聪明地解决问题。看不清事实，我们就只能在混乱中摸索，这是已故的哥伦比亚学院院长郝伯特·赫基斯所说的，他曾协助过 20 万个学生消除忧虑。他告诉人们："混乱是产生忧虑的主要原因。"他说："世界上的忧虑，大多数是因为人们没有足够的知识作出决定而产生的。"他还说："一个人如果能够把他所有的时间都用在以一种很超然、很客观的态度去看清事实上，他的忧虑就会在他知识的光芒下消失得无影无踪。"

人们在忧虑的时候，往往情绪激动。不过，你可以按照以下两个办法来帮助你以清晰客观的态度看清所有的事实：

（1）在收集事实时，你假装不是在为自己，而是在为别人。这样就可以保持冷静而超然的态度，也可以帮助自己控制情绪。

（2）在收集造成忧虑的各种事实时，你也收集对自己不利的事实——那些有损你的希望和你不愿意面对的事实。

然后你把这一边和另外一边的所有事实都写出来——而真理就在这两极的中间。

所以，解除忧虑的第一个办法是：看清事实。在没有以客观态度收集全部事实之前，不要先考虑如何解决问题。

紧接着第二步就是要分析事实。

实际上，单是在纸上把问题明明白白地列出来，就可能有助于我们做出一个合理的决定。

正如查尔斯·吉特林所说："只要能把问题讲清楚，问题就已经解决了一半。"

如何分析事实，主要把握两个问题：

（1）我担心的是什么？

（2）我该怎么办？

如果你同时把问题和答案都写下来，能使思路更加清晰。你可以安静地坐下来写出各种不同的情况及其后果，然后镇定地作出决定。如果你当时迟疑不决、心乱如麻，就会在紧要关头走错一步。

紧接着你可以执行最重要的第三步，也是最不可缺少的一步。决定该怎么做，然后立即采取行动，否则你收集事实和加强分析都失去了作用——变得纯粹是一种精力的浪费。

威廉·詹姆斯说："一旦作出决定，当天就要付诸行动，同时要完全不理会责任问题，也不必关心后果。"他的意思是说，一旦你以事实为基础，作出一个非常谨慎的决定，就立即付诸行动，不要停下来重新考虑，不要迟疑、担忧和犹豫；不要怀疑自己；不要回头看。

一位俄克拉何马州最成功的石油商人怀特·菲利浦说："我发现，如果超过某种限度之后，还一直不停地思考问题的话，一定会造成混乱和忧虑。当调查和多加思考对我们已无益的时候，也就是我们该下决心、付诸行动、不再回头的时候。"

如果我们靠行动还是无法改变那些不可避免的事实，那么我们可以改变自己。

不论在哪种情况下，只要还有一点儿挽救的机会，我们就要奋斗。可是当常识告诉我们，事情是不可避免的——也不可能再有任何转机——那么，为了保持理智，我们就不要"左顾右盼，无事自忧"。

克莱斯勒公司总经理凯乐先生说："如果我碰到很棘手的情况，只要想得出办法解决的，我就去做。要是干不成的，就干脆忘了。我从不为未来担心，因为没人知道未来会发生什么事情，影响未来的因素太多，何必为它们担心呢？"如果你说凯乐是个哲学家，他一定会非常困窘，因为他只是个出色的商人。但他这种想法，和古罗马的大哲学家伊匹托塔斯的理论差不多，他告诫罗马人："快乐之道不是别的，就是不去为力所不及的事情忧虑。"

莎拉·班哈特可算是深通此道的女子了。50年来，她一直是四大洲剧院独一无二的皇后，深受世界观众喜爱。可是她在71岁那年跌伤了，并且她的医生波基教授告诉她必须把腿锯断。他以为这个可怕的消息一定会使莎拉暴跳如雷，可是，莎拉看了他一眼，镇静地说："如果非这样不可的话，那只好这样了。"她被推进手术室时，她的儿子站在一边哭，她却挥挥手，高兴地说："不要走开，我马上就会回来。"去手术室的路上，她背她演过的台词给医生、护士听，使他们高兴，"他们受的压力非常大"。手术完成，身体康复后，莎拉·班哈特继续周游世界，使她的观众又为她疯狂了 7 年。

没有人能有足够的情感和精力，既抗拒不可避免的事实，又创造一个新的生活。你只能选择一种，或者在那些不可避免的暴风雨之下弯下身子，或者抗拒它而被折断。你可以默念下面这几句话：

请赐我沉静，

去承受我不能改变的事；

请赐我勇气，

去改变我能改变的；

请赐我智慧，

去判断两者的区别。

要在忧虑毁了你之前，先改掉忧虑的习惯，谨记第四条规则是：适应不可避免的情况。

枯燥之时，不妨多来点儿"笑料"

幽默是生活中的"笑料"，它是一种特殊的情绪表现。它是人们适应环境的工具，更是人类面临困境时减轻精神和心理压力的方法之一。俄国文学家契诃夫说过：不懂得开玩笑的人，是没有希望的人。事实上，幽默感是人们最好的情绪防弹衣，也是永不生锈的情绪发动机。拥有良好幽默能力的人，就有办法彻底发挥情绪效能，创造卓越的绩效。

幽默能够为人类精神生活提供真正的养料。幽默可以淡化人的消极情绪，消除沮丧与痛苦。具有幽默感的人，生活充满情趣，不至于对生活产生乏味感。用幽默来处理烦恼与矛盾，会使人感到和谐愉快，相融友好。

总的来说，幽默是一门深厚的情绪艺术，可以有效地调节人们的情绪，陶冶人们的情操。幽默的作用主要表现为：

（1）化解冲突。幽默感能帮助我们辨识任何情况中的喜剧潜力，用嬉笑代替怒骂，化解对峙的紧绷。

（2）应付压力，渡过低潮。幽默感需要的是一种嬉戏的心理架构，它让我们能在任何挫折中发现勇气以及看到希望。而这其中的秘诀，就在于跳开自己的角色，用旁观的眼光来看待自己的处境。

（3）帮助学习、增加创意。心理学上的研究发现，懂得幽默感而时常发笑的人在学习时效果特别好，而其解决问题的创意也非常灵活丰富。脑筋不打结，思绪也就插上翅膀了。

除此之外，幽默的笑声对我们的身心健康也有极大的助益，它舒缓我们的神经系统，提高免疫力，降低压力激素，并让皮肤看起来充满弹性光亮。

那么，怎样培养幽默感呢？

培养深刻的洞察力，提高观察事物的能力，培养机智、敏捷的能力，是提高幽默感的一个重要方面。只有迅速地捕捉事物的本质，以恰当的比喻，诙谐的语言，才能使人们产生轻松的感觉。

领会幽默的内在含义，机智而又敏捷地指出别人的缺点或优点，在微笑中加以肯定或否定。幽默不是油腔滑调，也并非嘲笑或讽刺。正如一位名人所说：浮躁难以幽默，装腔作势难以幽默，钻牛角尖难以幽默，捉襟见肘难以幽默，迟钝笨拙难以幽默，只有从容，平等待人，超脱，游刃有余，聪明透彻才能幽默。

培养个人嗜好及幽默感，可以扩大自己的胸襟，包容生活中的不同声音。你可以尝试以下的一些做法：

（1）自嘲。自嘲作为生活的一种艺术，它具有干预生活和调整自己的功能。它不但能给人增添快乐，减少烦恼，还能帮助别人更清楚地认识真实的自己，战胜自卑的心态，应付周围众说纷纭带来的压力，摆脱心中种种失落感和不平衡，获得精神上的满足和成功。

自嘲也是一种豁达的人生态度。即使身陷囹圄也能看到希望，而不是整天悲悲戚戚，愁眉不展，其宝贵的思维模式是"大不了就……"而不是小肚鸡肠，过分较真。经常自我嘲笑，而不是老子天下第一，盲目逞能好胜，这就是豁达。豁达往往意味着超脱，但又不是一种虚无。所以它是一种积极因素，是一种美好人性的表现。

（2）做些"蠢事"。不妨每天做一件"蠢事"。从不同寻常的角度观察一下自己熟悉的人，做些出乎自己意料之外的事情。

比如穿得傻一点儿，这样你就会发现，打破常规后，并不会有可怕的事情发生，有些事情甚至会比原来的还要好。这样做还可以培养人们大胆和冒险的精神。

（3）尝试"荒谬取向"的思维方式。假如你在大庭广众面前演讲，却因为怯场而陷入极度的焦虑与不安之中，你可以通过有意识地集中注意力，幽默地夸大自己内心的害怕的方式，来克服这种失败的恐惧。

（4）创造睿智、有趣的表达方式。创造自己的独特个性、有趣的表达方式，这样可以使自己的性情变得柔韧灵活，能更好地解释和评价现实情况。

幽默也是一种睿智的表现，它必须建立在丰富知识的基础上。丰富的知识是人们创造有趣的表达方式的必要条件。一个人只有拥有审时度势的能力，广博的知识，才能做到谈资丰富，妙言成趣，从而作出恰当的比喻。因此，要培养幽默感必须广泛涉猎，充实自我，不断从浩如烟海的书籍中收集幽默的浪花，从名人趣事的精华中撷取幽默的宝石。

"内外"兼修，缓解心理疲劳

现代人的工作时间比以前大大缩短了。而且随着科学技术的发展，机械化、自动化也使人们的劳动强度大大降低。但这并不是说人们一点儿都不"累"了，现代人的"累"主要表现在心理方面，各种工作和生活的压力让人们受到紧张与疲劳的折磨。科学家们认为，随着生活节奏的不断加快，疲劳将会比其他的疾病更多地影响着人们的学习与工作。太累、太疲劳成了人们日常生活中的流行词语，心理疲劳已经成为现代社会的"隐形杀手"。

最近，世界卫生组织在一份报告中指出："工作紧张是影响许多职员健康的危险因素。"这一结论明确指出了过度劳累会带给人体严重的危害。

医学和心理学研究表明，心理疲劳是由长期的精神紧张、反复的心理刺激、恶劣的情绪逐渐形成的。这种疾病如果超越了个人心理的警戒线，各种疾病就会乘虚而入，不断发生，在心理上会造成心理障碍、心理失控，甚至心理危机；在精神上会造成精神萎靡、精神恍惚，甚至精神失常；在身体上就会引发多种身心疾患。

心理学家告诉人们，心理方面的紧张与疲劳，光靠睡眠是不可能得到完全的放松与解决的，必须通过内在、外在两种途径来克服。

针对内在的精神，你可以采用下面的 6 种方法来缓解心理疲劳：

（1）开怀大笑。健康的大笑是消除疲劳的最好方法，也是发泄不良情绪的好方式。

（2）放慢生活节奏。生活节奏的加快是造成心理疲劳的重要原因，所以把很多无所事事的时间也安排在日程表中就能够放慢生活的节奏了。

（3）沉默寡言。研究表明，高谈阔论血压会升高，而沉默则有助于血压降低。俗话说："沉默是金。"为了消除心理疲劳，最好适当地保持沉默，认真地听别人说话是一种很好的享受。

（4）自己与自己谈心。比如在夜深人静的时候自己悄悄地给自己讲一些话，然后安然进入梦乡。

（5）不要紧张。研究证明，沉着冷静地处理各种复杂问题有助于释放紧张情绪和压力。

（6）学会拒绝别人。有的人性格很软，不会拒绝本来应该拒绝的事情。因此，一个人应该学会在适当的时候对一些人和事说"不"。

针对外在的身体，你可以采取以下 6 种方法来缓解心理疲劳：

（1）集中精力呼吸 3 分钟。工作一段时间之后，用 3 分钟左右的时间，两眼轻轻闭上，注意力完全集中在呼吸上，采用吐气比吸气长的腹式呼吸方式，这样会对身心健康产生良好的作用。

（2）冷水热水交替沐浴。工作一天之后回到家里，不要忘了用冷水热水交替的方法进行沐浴。实践证明，这样做能够有效地释放一天的压力，使人们的头脑更加清醒。

（3）适时补充维生素。医学研究证明，维生素中的维生素C、维生素E、维生素B群，矿物质中的钙、镁等物质都对抵抗精神疲劳有帮助。喜爱甜食的人，喜欢抽烟的人，爱喝咖啡的人，更要注意这一类维生素的摄取，这样就可以平衡人们的心理。

（4）娱乐。也许你在工作过程中，心理疲劳，而运动又不够。娱乐活动和体育活动为机体的锻炼提供了一个非常好的机会。人的身心两部分并不是彼此割裂、互不相干的，它们之间存在着水乳交融的密切联系。一个充满活力、生机盎然的机体可促使人们的心理面貌焕然一新，心理上的紧张与疲劳一扫而光。因此经常参加娱乐活动和体育健身的人，在运动场上、舞场上爽快地玩了一番之后，有一种轻松、畅快的感觉。

（5）按摩。按摩可以使紧绷的身体、僵硬的关节得到放松，也可以减少肾上腺素的分泌，对紧张情绪的释放效果很好。不管是自己按压身体紧绷的部位，还是到健身中心进行按摩，都可以起到这个作用。

（6）排解不良情绪。遇到挫折最怕的就是自己从此垂头丧气，一蹶不振。遇到情绪不好的情况时，要尽量想办法缩短时间，尽量重新找到自己的定位与自信。科学研究发现，自信的人机体中的细胞比较活跃。这种细胞活跃不但能够增强人体的免疫功能，还可以提高对压力与挫折的忍耐力。情绪影响身体，身体也影响情绪。你要消除心理疲劳，那么排解情绪垃圾是必须要做的。

操纵好情绪的"转换器"

人们只要愿意控制自己的情绪，就能把不良情绪转换成良好情绪，良好的情绪可以改变人们的生活。只有有意识地改变才能真正达到目的。任何人遇上困境和挫折，情绪都会受到影响，这时一定要操纵好情绪的"转换器"。面对无法改变的不幸或无能为力的事，就要勇于抬头，对天大喊："这没有什么了不起的，它不可能打败我。"或者面对一棵大树，默默地告诉自己："忘掉它吧，这一切都会过去的。"

紧接着就要往头脑里补充新东西，因为头脑每时每刻都需要补充东西，这种补充就能使情绪"转换器"发生积极作用。最好的方法是用繁忙的工作和学习去补充，去转换，也可以通过参加有兴趣的活动去补充，去转换。如果这时有新的思想、新的意识突发出来，那就是最佳的补充和最佳的转换。有意转换情绪，是有意识地控制情绪向积极的方面发展的最佳方法。其实人的情绪转换并不像人们心中所想象的那么难。只要掌握了转换的技巧，你就能够很好地驾驭它。一个高考落榜的男孩，看到同学接到录取通知书时感到非常失落，但他并没有让自己沉浸在这种不良情绪中，而是很幽默地告别好友，"我要去避难了"，实际上是出门旅游去了。多姿多彩的大自然深深地吸引了他，浩瀚无边的海洋荡去了他心中的积郁，情绪平稳了，心胸开阔了，他又以良好的心态面对现实，迎接生活。

学会转换自己的情绪，这对调整人们的心态起着很重要的作用。第二次世界大战即将结束时，柏林几乎成为废墟。盟军在搜索过程中，在一个掩体里发现了一家德国人，缺衣少食，窘困异常，可就在屋子中央一个破箱子上的瓶子里，却插着一枝娇艳的鲜花。一个盟军军官感慨万端：这真是一个伟大的民族，这个民族一定会很快复兴的。"一枝娇艳的鲜花"使人们看到了希望。

天有不测风云，人有旦夕祸福。人活在这世上谁无烦恼？谁人可以抗拒各种情绪的困扰？生活中确实会突发一些灾难，比如家庭破裂、白发人送黑发人、失去工作、自然灾害的发生等，面对这些挫折和磨难，我们怎么会快乐起来呢？有位哲人说："太阳底下所有的痛苦，有的可以解救，有的则不能，若有就去寻找，若无，就忘掉它。"

学会转换情绪，生活就会充满乐趣。不要老是沉湎于不切实际的幻想，也不要害怕美梦破灭，因为当一切虚幻的念头消失后，你的美丽人生才会真正显现。

当你抱怨生活乏味、工作苦恼烦闷的时候，何不换个角度看看你自己的生活与工作呢？也许，转个弯后，眼前就是一片属于你的开心生活与快乐工作的最佳景致和视野。

在当今这个压力越来越大的社会，人很难保持一个良好的心态，适当转换情绪是必不可少的。能够处理好自己的情绪，你才会拥有健康的心态，才有可能创造更美好的生活。

宣泄不良情绪的四个方法

每个人都希望自己快快乐乐，可是"生活有苦也有甜"。面对人生烦恼和时代变化所带来的困惑，面对疾病的纠缠、追求的失落、奋斗的挫折、情感的伤害、学习的压力种种困扰，人们的不良情绪就会油然而生。

如果不能正视不良情绪，不能对不良情绪进行及时的调节、疏导和释放，就会影响人们的工作、学习和生活，还会危及人们的身心健康。

专家指出，宣泄不良情绪有以下4个方法：

（1）大哭一场。哭是人类的天性之一，是不愉快情绪的直接外露。在现实生活中，除了激动得"热泪盈眶"之外，哭总是与不愉快牵扯在一起。从医学的角度来说，短时间内的痛哭是释放不良情绪的最好方法，是心理保健的有效措施。研究证明，人在情感激动的时候流出的眼泪会产生高浓度的蛋白质，它能够减轻乃至消除人的压抑情绪。专家对此进行了大量的研究，结果表明，健康男女哭的次数比经常生病的人次数多。应该指出的是，只有内心受到委屈和不幸达到很大程度的时候放声大哭才有效。如果一遇到不顺心的事就哭哭啼啼、悲悲戚戚，反而不利于人们身心的健康，而且还会加重人们负面情绪的泛滥。

（2）善于倾诉。如果遇到了不开心的事情，不要一个人生闷气，把不良的情绪压在心里，而应当善于向别人倾诉。一般来说，每个人都至少有几个知心朋友。如果产生不良情绪，大家就可以聚一聚，一壶清茶、一杯咖啡，就事论事地进行一番讨论，把积累在心中的消极情绪倾诉出来。这样就可能得到朋友的同情、开导和安慰，就可能找出应对这种情绪的好方法。美国的一位心理学家说过："一个人如果有朋友圈子，就能长寿20年。"

（3）以静制动。如果心情不好，产生了不良情绪，内心就会非常激动、烦躁，用"坐卧不宁"来形容是很恰当的。面对这种情况，我们就应该采取"以静制动"的策略。此时，可以安静地浇花弄草，赏鸟闻香，也可以挥毫泼墨，沿河垂钓。乍一看，这种方法似乎与宣泄不良情绪毫不相干，其实，这种行为恰恰是一种"以静制动"的宣泄方式。这种清静雅致的态度对平息心头怒气，排除心里沉重的压抑非常有帮助作用。

（4）放声歌唱的妙处。音乐心理治疗瑞典学派的创始人庞特威克仔细研究了心理共鸣理论，认为音乐通过音响和声系统反映了某些原始形式的精神生活，和缓而平稳的音乐使人得到安慰，而洪亮、欢快的音乐则使人激动、振奋。另有人研究音乐与情绪的关系证明，徐缓的大调忧郁、悲切、苦闷、伤感、凄凉，使人感到忧伤，快速的小调内含激情、焦虑不安、惊慌、不宁、凶狠、危急，易使人愤怒，快速的大调则欢腾、愉快、喜悦、富有朝气，能使人感到愉快。所以在音乐中放声歌唱可以改善人的心理功能及生理活动。

　　现实生活中宣泄不良情绪的方法有很多。因为，人与人的个体差异和所处的环境、条件不同，采用的宣泄方式也不相同。所以宣泄自己的情绪也要因人而异，只要自己觉得舒适、简便就行。

做情绪的主人

　　很多人都懂得要做情绪的主人这个道理，但遇到具体问题时总是知难而退，"控制情绪实在是太难了"，言下之意就是"我是无法控制情绪的"。千万别小看这些自我否定的话，这是一种强烈的不良暗示，它真的能够毁灭你的意志，让你丧失战胜自我的决心。即使身处逆境之中，你还是要用开放性的语气坚定地对自己说："我一定能走出情绪的低谷，现在就让我试一试！"这样你的自主性就会被启动，沿着它走下去就是一番崭新的天地，你会成为自己情绪的主人。

　　输入自我控制的意识是开始驾驭情绪的关键一步。曾经有一名学生，不会控制自己的情绪，经常和同学争吵，老师批评他没有道德修养，他心里很不服气，甚至和老师争执，老师没有生气而是拿出词典逐字逐句解释给他听，并列举了身边大量的例子，他嘴上没说却早已心悦诚服。从此他有了自我控制的意识，经常提醒自己，主动调整情绪，自觉注意自己的言行。就在这种潜移默化中他拥有了一个健康而成熟的情绪。大多数人都有过受累于情绪的经历，烦恼、压抑、失落甚至痛苦常常侵扰着人们的正常生活，于是很多人常常抱怨生活对自己不公平，企盼某一天快乐从天而降。其实喜怒哀乐是人之常情，想让自己生活中不出现一点儿烦心之事那是不可能的，关键是如何有效地调整控制自己的情绪，做生活的主人，做情绪的主人。想要幸福快乐的人生，控制情绪非常重要：成功的秘诀就在于懂得怎样控制痛苦与快乐这股力量，而不为这股力量所反制。如果你能做到这一点，就能掌握自己的人生，反之，你的人生就无法被掌握。

如果你对周围的任何事物都感到不舒服，那是你的感受所造成的，并非事物本身如此。借着感受的调整，你也可以在任何时刻振奋起来。

掌控自己的情绪才能操纵一切。在脑中一片混乱、深感绝望的时候，乃是一个人最危险的时候，因为在这时人最易作出糊涂的判断、糟糕的计划。如果有什么事情要计划、要决断，一定要等头脑清醒、心神镇静的时候再去做。

掌控自己的情绪，就是要让自己在头脑清醒，思想健康的时候，来计划一切。人在感到沮丧的时候，精神便会分散，无法集中起来。态度上的镇静、精神上的乐观和心智上的理性是消除沮丧、进行健全思考的前提。你可以用下面的方法来让自己头脑清醒，心神镇静：

（1）发出心情不佳的信息。心情不好时，请你记得要跟重要的亲人或者朋友"发出心情不佳的信息"。如果你觉得不知道怎么做或是觉得做起来非常困难，那表示你平常缺乏练习，而不是没有必要那样做。

（2）先调整好情绪，再处理问题。情绪很差的状况下一味地想着所面临的问题和困境，可能只会钻牛角尖，反而更难找到好的解决之道。比较好的做法是：先试着做一些与解决问题无关却能够提升自己情绪的活动，当情绪高扬时，就可以集中精力来处理事情。

（3）让"身体活动起来"以提升情绪。当出现不良情绪时，你通常最想做的就是蜷缩在角落中不动，但是这个时候让身体活动起来却是提升情绪的不二法门！

（4）重新审视自己的价值观。"从负面的事件看出正面的价值"是人类因挫折而变得成熟的重要表现。不良情绪能够促使我们重新审视自己的价值观与内心追求，并逐渐调整到最适合自己的状态。借着不断的调整，个人与环境的"契合度"才会越来越高。当你调整好自己的情绪后，可以进一步思考，看自己的能力，或是自己的耐心、人格特质到底适不适合自己的价值追求，然后作出正确的选择，让生活变得更好。

（5）多样化思考问题。一旦情绪有所提升以后，才是面对问题的最佳时机，处理问题时除了要思考可能的解决方法之外，还要让自己对问题的观点尽量多样化、丰富化。总的来说，若想让自己的思考变得富有弹性，不妨多询问其他人的观点，尤其是那些有经验的人。

如果我们能左右自己的思想，就能够控制我们的情感，唯有恰如其分的感情才最容易被人们所接受、所珍惜。

第七章

激活源动力：用自我激励焕发内驱力

　　正如一位哲人所说的那样："如果一个人总是默默无闻，那么他就会逐渐被忘掉；如果一个人总是停滞不前，那么他就会倒退，就会被社会抛弃，并且最终消失；如果一个人不想成为伟人，那么他就会变得连小人物都不如；如果他对一件事漫不经心，他就会失败。总之，平稳就意味着失败的开始，并且必定以失败而告终。因此，生活就是进取，就是成功，而不能有丝毫的懈怠。"是的，我们每一个人都要激励生命不断进取。激励自己才能成就自己。激励是一切之根本，能使得过且过的人全力以赴，它是突破逆境之利器、永恒成功之魔杖。在人身上，它也是一种精神存在物，只有通过内在激励的作用，思维才能展开飞翔的翅膀，进而产生源源不断的精神动力，以实现每一个人的人生理想。

一个人最重要的是自己的内心

一个人的本质是精神，最重要的是自己的内心，内心世界就是人们精神生活的载体。

精神里有什么东西，就会放射什么东西。

精神里有黑暗，就会放射黑暗；精神里有阳光，就会放射阳光。

这是人的至性至情，有什么样的内心，就有什么样的人。本质决定现象的说法，内容决定形式的说法，都是同一含义的哲学表述。

改变内心，就能改变人的一切，影响内心，也就能影响人的一切。同样，思维的根底也是精神实体。"脑"与"心"向来是互存的。纯粹思维本身并不独立存在，在人身上，它也是一种精神存在物，只有通过内在精神的作用，思维才能展开飞翔的翅膀。因此，不触及人的内心世界，也就无法探知人的精神本体，便不能触及人的思维本质。

我们每个人都拥有若干种能力，比如在很多事情上，你都有自信、勇气、冲动，或者是冷静、轻松、悠然，或者是坚定、决心，也或者是创造力、幽默感，抑或者是敢冒险、灵活、随机应变……所有这些能力，细想一下，你会发觉都是一份感觉，一份内心的感觉。即使有知识、技能和其他的资源协助你，使用这些资源的原动力，仍是这份内心的感觉。没有这份感觉，一个人即使具备了这些资源也不会使用，或者用不好。

这只能告诉我们一个事实，一个人最重要的是自己的内心。有了良好的心态，就能够冲破一切阻力和障碍，不管它们来自自然环境，还是你周围的人。事实上，只要一个人拥有充实的内心世界，他就能够克服所有的缺憾，自觉地找到自己的人生归宿，也只有注重自己内心生活的人才能够走上幸福之路。下面的一则故事非常感人地告诉人们：一个人最重要的是自己的内心，心与心的交流才会强烈地震撼人的灵魂。

星期天的早晨，迈克洗漱完以后，把衣服穿得整整齐齐，急忙赶往教堂做礼拜。牧师开始祈祷了，迈克正要低头闭上眼睛，却感觉到邻座先生的鞋子轻轻碰了一下他的鞋子，迈克心中一阵不快，他想：邻座先生那边有很大的空间，怎么我们的鞋子会碰在一起呢？而邻座先生似乎一点儿也没有觉察到。

祈祷开始了："我们的父……"牧师刚开了头。迈克心里无法平静，又在想：这个人真不自觉，鞋子又脏又旧，鞋帮上还有一个破洞。

牧师继续在祈祷着，"谢谢你的祝福！"邻座先生低声地说了一声："阿门！"迈克尽力静下心来祷告，但思绪还是无法平静下来。他又想：我们上教堂为什么不以最好的面貌出现呢？他看了一眼地板上邻座先生的鞋子想：邻座的这位先生肯定不是这样。

祷告结束了，人们欢快地唱起了赞美诗，邻座先生也非常自豪地高声歌唱，还情不自禁地高举双手。迈克想，主在天上肯定能听到他的声音。在奉献时，迈克小心地放进了自己的支票。邻座先生把手伸到自己的口袋里，摸了半天才摸出了几个硬币，"叮嘟嘟"放进了盘子里。

牧师的祷告词深深地触动着迈克的心，邻座先生也被感动了，因为迈克看见他流泪了。礼拜结束后，大家还是像往常一样欢迎新朋友，以让他们感到温暖。迈克心里有一种要认识邻座先生的冲动。他转过身子握住了邻座先生的手，感谢他来到教堂。邻座先生激动得热泪盈眶，说道："我来这里已经有几个月了，你是第一个和我打招呼的人。我知道，我看起来和别人不一样，但我每次都想以最好的形象出现在这里。星期天一大早我就起来了，先是擦干净鞋子、打上油，然后走了一段很长的路，等我来到这里的时候鞋子已经又脏又破了。"知道了这种情况，迈克心里非常感动。

邻座先生接着又向迈克道歉说："我坐得离你很近。当你来到这儿时，我知道我应该先看你一眼，再向你问好。但是我想，当我们的鞋子相碰时，也许我们的心灵就可以相通了。"

迈克一时觉得再说什么都显得苍白无力，就沉默了一会儿才说："是的，你的鞋子触动了我的心。在一定程度上，你也让我知道，人最重要的是自己的内心。"

点燃心中的长明灯

卡特琳·洛根说："一个幻觉显示出我们可能的未来，这是干事业的邀请。如果我们头脑中有了意识的大画面，我们的成功之路便多了一块奠基石。梦想是看不见但却是永恒的价值。"

心灵现实也是一种现实。尤其是人生理想，它的实现方式只能是变成心灵现实，即一个美好而丰富的内心世界，以及由之所决定的一种正确的人生态度。除此之外，你还能想象出别的人生理想的实现方式吗？我们的生命不过跟编织一样，先要设计出内心理想的图案，然后才能有编织的标准，正如编织生命，要拥有梦想，向往着梦想，坚持着目标，坚定地走下去，这样才能演绎出精彩而美丽的人生。

人生理想是精神的指路灯塔，永远照耀着人生的航程。茫茫宇宙，漫漫人生，为什么有的人能长期奋斗，给自己创造成就，给人类带来光明，成为成就卓越乃至伟大者，而有的人却庸庸碌碌，无所作为？原因在于：前者心中有一盏人生大目标的长明灯，后者心中却是一片蒙昧或灰暗。世界在不断地变化，人生漫长几十年，谁也不能准确预料未来几十年世界究竟会变成什么样子，我们周围生活的环境，我们的身家性命将会如何演变。这些不测的因素很多，我们谁也不能完全把握这个世界和我们的人生。尤其是青年人，缺乏人生阅历，更不知如何去预料和把握未来的世界和人生。如果我们没有人生理想这盏明灯，就可能在变化中的世界里迷失，不知不觉走向失败的人生。然而，如果我们心中有一盏明灯，有了人生的理想追求，那么，我们就有一个强有力的精神支柱，我们的人生就会变得有意义，就不怕漫漫长夜，不怕世界的变化、社会的变迁、身世的坎坷。

当然你的梦想要合理和具体可行，不要好高骛远，空做摘星美梦。比如你天生一副乌鸦嗓子，就别梦想变成画眉鸟！还有，你要记住，就算你无法达到这个目标也并非世界末日。布朗宁曾说："如果凡人所梦想的都唾手可得，那还要天堂干吗？"

罗杰·罗尔斯是美国纽约州历史上第一位黑人州长，他出生在纽约声名狼藉的大沙头贫民窟。这里环境肮脏，充满暴力，是偷渡者和流浪汉的聚集地。在这儿出生的孩子，耳濡目染，他们之中很多人从小就逃学、打架、偷窃甚至吸毒，长大后很少有人从事体面的职业。然而，罗杰·罗尔斯是个例外，他不仅考入了大学，而且成了州长。在就职记者招待会上，一位记者对他提问：是什么把你推向州长宝座的？面对300多名记者，罗尔斯对自己的奋斗史只字未提，只谈到了他上小学时的校长——皮尔·保罗。

那时，皮尔·保罗被聘为诺必塔小学的董事兼校长。当时正值美国嬉皮士流行的时代，他走进大沙头诺必塔小学的时候，发现这儿的穷孩子比"迷惘的一代"还要无所事事。他们不与老师合作，旷课、斗殴，甚至砸烂教室的黑板。皮尔·保罗想了很多办法来引导他们，可是没有一个是有效的。后来他发现这些孩子都很迷信，于是在他上课的时候就多了一项内容——给学生看手相。他用这个办法来鼓励学生。

当罗尔斯从窗台上跳下，伸着小手走向讲台时，皮尔·保罗说："我一看你修长的小拇指就知道，将来你是纽约州的州长。"当时，罗尔斯大吃一惊，因为长这么大，只有他的奶奶让他振奋过一次，说他可以成为5吨重的小船的船长。这一次，皮尔·保罗先生竟说他可以成为纽约州的州长，着实出乎他的预料。他记下了这句话，并且相信了它。

从那天起，"纽约州州长"就像一面旗帜，罗尔斯的衣服不再沾满泥土，说话时也不再夹杂污言秽语。他开始挺直腰杆走路，在以后的40多年间，他没有一天不按州长的身份要求自己。51岁那年，他终于成了州长。

萧伯纳有一句名言："一般人只看到已经发生的事情而说为什么如此呢？我却梦想从未有过的事物，并问自己为什么不能呢？"年轻人尤其应该有梦想、有希望，因为奋斗的过程和达成目标一样，都能使人产生无比的快乐。你要有勇气梦想自己能成为一位名医、明星、杰出的科学家或作家等，而且要全力以赴，奔向理想。

人活着要有信念

信念是一种指导原则和信仰，让我们明了人生的意义和方向；信念人人可以支取，且取之不尽；信念像一张早已安置好的滤网，过滤我们所看到的世界；信念也像大脑的指挥中枢，照着所相信的去看事情的变化。如果你相信自己会成功，信念就会鼓舞你达成，如果你相信自己会失败，信念也会让你经历失败。

据说，清末时梨园中有"三怪"，他们都是因为抱着坚定的信念，勤学苦练后才成为名角。

瞎子双阔亭，自小学戏，后来因疾失明，从此他更加勤奋学习，苦练基本功，他在台下走路时需人搀扶，可是上台表演却寸步不乱，演技超群，终于成为一名功深艺湛的武生。

另一位是跛子孟鸿寿，幼年身患软骨病，身长腿短，头大脚小，走起路来不能保持身体平衡。他暗下决心，勤学苦练，扬长避短，后来一举成为丑角大师。

还有一位哑巴王益芬，先天不会说话，平日看父母演戏，一一默记在心，虽无人教授，但他每天起早贪黑练功，常年不懈。艺成后，一鸣惊人，成为戏园里有名的武花脸，被戏班奉为导师。

梨园"三怪"都身有残疾，他们为什么能够成大器呢？这是因为他们不为自己的缺陷所屈服，身残的压力让他们更加坚定了人生的信念，看似失败的人生，实际上还有通向成功的希望，他们身残志坚，扬长避短，再加上不断的奋斗，于是他们从奋斗中创造了最好的自己，同时也成就了一番事业。

坚强的信念是一种重要的心理"营养素"。在人生的旅途中，人们常常会遭遇各种挫折和失败，会陷入某些意想不到的困境，这时，信念便犹如心理的平衡器，它能帮助人们保持平稳的心态，并能防止人们因坎坷与挫折而偏离正确的轨道，误入心理的盲区。

有坚定信念的人相信自己无论决定什么，都会实现。人如果有了信念，就有了奔赴成功的动力，美国《信念的魔力》一书中提到："信念是始动力，能够产生把你引向成功的无穷力量：它往往驱使一个人创造出难以想象的奇迹。"也因此有人说：信念是人生成功的第一要素。

信念，是托起人生大厦的坚强支柱。在人生的旅途中，不可能总是一帆风顺、事遂人愿。对一个有志者来说，信念是立身的法宝和希望的长河。信念的力量在于即使身处逆境，也能帮助你扬起前进的风帆；信念的伟大在于即使遭遇不幸，也能召唤你鼓起生活的勇气。信念，是蕴藏在心中的一团永不熄灭的火焰。信念，是保证一生追求目标成功的内在驱动力。信念的最大价值是支撑人对美好事物的孜孜以求。坚定的信念是永不凋谢的玫瑰。

一片茫茫无垠的沙漠，一支探险队在负重跋涉。

阳光严酷毒辣，干燥的风沙漫天飞舞，而口渴如焚的队员们没有了水。这时候，探险队队长从腰间拿出一只水壶，说这里还有一壶水，但穿越沙漠前，谁也不能喝——这一壶水！

　　那壶水从队员们手里依次传开来，沉沉的一种充满生机的幸福和喜悦在每个队员濒临绝望的脸上弥漫开来。

　　终于，探险队员们一步步挣脱了死亡线，顽强地穿越了茫茫沙漠。他们相拥着为成功喜极而泣的时候，突然想起了那壶给了他们精神和信念以支撑的水。

　　拧开壶盖，流出的却是满满一壶沙。在沙漠里，干燥的沙子有时候可以是清冽的水——只要你的心里驻扎着拥有清泉的信念。

　　是什么使他们挣脱了死亡线？是信念——一壶水的信念，使他们走出了沙漠。没有这份坚定的信念，他们很可能都会在沙漠中倒下！

　　信念是呼吸的空气，是沙漠中旅人的饮水，是我们心中的太阳。信念坚定的人，无怨无悔地为它工作，尽心尽力地奋斗，克服前进道路上的坎坷与荆棘，取得辉煌的成就。是的，这是信念的力量！这是精神的力量！

自我激励是前进的永动机

　　激励现在可以说是更多的个人创业朋友喜欢和经常采取的个人操守。在现代的企业管理中，激励也是更多企业家经常采取的管理措施。按照马斯洛提出的关于人类需要的五个层次来说，最高的层次就是自我实现，自我实现是发挥个人价值的最高境界。我们每个人在自我实现的过程中，都需要更好地突破传统、突破自我，发挥我们个人的最大潜能！所以为了我们的成长、事业的成功，我们每天唯一要做、持续要做的就是自我激励！———个人的成功 95% 来自自我激励！

　　在自我实现和个人创业中，我们经常会遇到困难、挫折、挑战、传统环境、传统思维、传统习惯、传统观念以及我们自己的懒惰、贪心、享乐等个人劣性，使我们在面对挫折和压力时，潜意识总是使我们选择恐惧、退缩，导致我们事业的失败！特别是处于新的创业载体中的朋友，前不见古人、后不见来者，压力是不可避免的———过度的压力可以使天才成为白痴！特别是我们中国人，在漫长的封建社会中，中庸文化灌输进我们的头脑，我们小的时候，父母常常告诉我们这个事情不可以做，那个事情是不对的，我们需要听话，我们的生活、工作都受到忍让、过度的谦虚、按条框办事情的中庸思想束缚，不敢越雷池一步，我们的创新、创造性被埋没了！但如今我们处在社会转型和个人创业时代，是需要我们发挥创新和创造性的，所以更需要我们去突破传统、突破自我，需要我们发挥潜能去完成更大的自我实现——所以激励作为我们的个人操守训练就成为现在需要做的非常重要的事情！

事实上，我们还可以发现一个人是否自信，能否永远的自信，与他是否进行自我激励有关。我们经常有这样的体会：一些时间，觉得自己非常自信，做事都很顺利。但有时，却发现自信又远离我们而去，使自己裹足不前。这是因为自信心不是一劳永逸地存在。它应是有源之水，这源，就是我们不断得到的来自生活、工作、环境及自我内心的激励。

也许没有比激励更能使我们永葆自信心的了。激励是一切之根本，能使得过且过的人全力以赴，它是突破逆境之利器、永恒成功之魔杖。

可惜的是，许多人也抱怨过，为什么我也常常有激励，但还总是那样的自卑，总是找不到自信？这是一种误解，你要知道，你想永久地自信，你得有永远的激励。因为自信不仅仅产生于对个人情绪的鼓噪，如话筒前的狂呼呐喊，而是一种恒久的、时刻占据你心灵且指挥你行动的信念。那么，谁能给你这样长久的激励呢？只有你自己，只有长时间的自我激励，才能获得永久的自信。

我们每天唯一要做、持续去做的事情就是——自我激励！

首先，你要建立基于成功的情商，表达出自己希望成为什么样的人，激励后建立自己强大的内心世界和外在形象，使自己具备成功者的特质：（1）自信；（2）健康；（3）热心；（4）值得信赖；

（5）有钱；等等。

比如说，如何激励自己的态度呢？每天不断告诉自己的感觉如何：我太棒了，我很优秀，我完全可以把这件事情做好，这件事情对我太重要了，我一定要做好它，我活得太有价值了。挥动一下自己的手臂，调节一下自己的情绪，培养自己的态度，在最短的时间里把自己的态度激励起来；在内心、潜意识里注入正面的帮助自己成功的自我建议、自我暗示——不断地在潜意识里输入正面的信息，自己设计用简短的、非常积极的、渐进的话语激励自己："无论何时何地，我都会越来越有自信。"

如何使自己有这样一种体会呢？先来看一下这个例子：当我们在看一部小说或一部电视连续剧时，是什么力量使我们有兴趣且期待着看下去呢？是悬念。是的，当我们做事时，总给自己留下一个悬念的话，就会有一种召唤的力量使我们做下去。如果我们做工作时，也把一些精彩留在第二天，那么我们对自己的工作和生活就会有一种期待，久而久之，你的心灵深处自然会孕育出一种无穷的积极性，使你乐观地对待生活和工作。

自我激励吧，只有你自己能帮助你不断进步，不断超越！

永不熄灭进取的"火焰"

　　世界上的人很多，但真正有出息的人并不多。在人生的整个阶段中，始终存在一个不断学习、不断努力奋斗的话题。人不管到了什么年龄，同样都面临着一个"不进则退"的法则。

　　有这样一则寓言：两只青蛙觅食时，不小心掉进了路边一只牛奶罐里，牛奶罐里还有为数不多的牛奶，但是足以让青蛙们体验到什么叫灭顶之灾。一只青蛙想：完了，完了，全完了，这么高的一只牛奶罐啊，我永远也出不去了。于是，它很快就沉了下去。另一只青蛙在看见同伴沉没于牛奶中时，并没有绝望、放弃，而是不断告诉自己："上天给了我坚强的意志和发达的肌肉，我一定能够跳出去。"它无时无刻不在鼓起勇气，鼓足力量，一次又一次奋起、跳跃——生命的力量与美展现在它每一次的拼搏与奋进里。

　　不知过了多久，它突然发现脚下黏稠的牛奶变得坚实起来，原来，它的反复践踏和跳动，已经把液状的牛奶变成了一块奶酪！不懈地奋斗和挣扎终于换来了一条新出路。它借这条路从牛奶罐里轻盈地跳了出来，重新回到绿色的池塘里，而那一只沉没的青蛙就那样留在了那块奶酪里，它做梦都没有想到会有机会逃离险境。

　　"拿破仑·希尔告诉我们，进取心是一种极为难得的美德，它能驱使一个人在不被吩咐应该去做什么事之前，就能主动地去做应该

做的事。"胡巴特对"进取心"做了如下的说明:

"这个世界愿对一件事情赠予大奖,包括金钱与荣誉,那就是'进取心'。"

"什么是进取心?我告诉你,那就是主动去做应该做的事情。"

"仅次于主动去做应该做的事情的,就是当有人告诉你怎么做时,要立刻去做。"

"更次等的人,只在被人从后面踢时,才会去做他应该做的事,这种人大半辈子都在辛苦工作,却又抱怨运气不佳。"

"最后还有更糟的一种人,这种人根本不会去做他应该做的事,即使有人跑过来向他示范怎样做,并留下来陪着他做,他也不会去做。他大部分时间都在失业中,因此,易遭人轻视,除非他有位有钱的老爸。但如果是这个情形,命运之神也会拿着一根大木棍躲在街头拐角处,耐心地等待着。"

你属于上面的哪一种人呢?不管你属于哪一种人,他最后总结出,只有能克服不可思议的障碍及巨大失望的人才能获得致富的成功。

世界巨富巴特勒就是依靠积极的进取心才实现了自己的财富梦想。

巴特勒年少时,家里非常穷。他家一共有7个孩子,为了生活,5岁的巴特勒就参加劳动,9岁时就开始像大人一样赶骡子。可是有一天,母亲的一番话改变了巴特勒的一生:"巴特勒,我们不应该这么穷。我不愿意听到你们说,我们的穷是上帝的意愿。我们的贫穷不是由于上帝的缘故,而是因为你们的父亲从来就没有产生过致富的欲望。不仅是你们的父亲，我们家里没有任何人产生过出人头地的想法。"母亲的话沉重地撞击着巴特勒的心房。于是他走出家门，通过努力奋斗，终于实现了致富的梦想。

俄国戏剧家斯坦尼斯拉夫斯基以"一个偶然发现的天才"为题，讲述了这样一件事：斯坦尼斯拉夫斯基在排练一场话剧时，女主角忽然不能演出，但他实在找不到人，只好叫自己的大姐来担任这个角色。可是，他的大姐以前只是帮忙做些服装准备之类的活儿，突然间要她演主角，由于羞怯、自卑，所以她排练时演得很差，这让斯坦尼斯拉夫斯基十分不满。

在一次排练时，斯坦尼斯拉夫斯基突然喊停。然后他厉声对大姐说："如果女主角演得还是这样差劲，就不要再往下排了！"全场一片死寂，受到屈辱的大姐很久没有说出话来。

突然，她抬起头来坚定地说："接着练！"从此她一扫过去的自卑、羞怯、拘谨，演得非常自信、真实。斯坦尼斯拉夫斯基非常骄傲地说："从今以后，我们有了一个新的艺术家……"

可见，进取心对人的生命与社会多么重要，它是生命中的动力。进取心是一种求知欲望，也有一些好奇心，想进一步获取新的知识，不断充实自己，提高自己，让自己能更好体现价值。所有的科学家都有一个共同点就是具有很强烈的进取心与好奇心，每个人都想成就一番事业，并争取留点儿痕迹给后人，这就是进取心的动力。当然并非每个人都能获取成功，即便没有成功也要对世间有更深的了解与体验，这只有通过进取心才能实现。

在希望中一步步前行

在这个世界上，有许多事情是你难以预料的。你不能控制机遇，却可以掌握自己；你无法预知未来，却可以把握现在；你不知道自己的生命到底有多长，却可以安排自己的生活；你左右不了变化无常的天气，却可以调整自己的心情。只要活着，就有希望。

电影制片企业家迈克·塔得，在60多年前就说过："你若不跨出第一步，就无法踏出第二步，这是一种带有希望的信念！"希望就是一切。

你对人生的态度，将是你获得胜利的重要因素。面对害怕可以增加你个人的力量，自我怀疑和无助感则会减低你的振作力及竞争强度。你的人生观和保持希望的能力，会强烈地影响你向成功迈进的斗志。因为对于自己缺乏信心的绝望和无力感是只"假老虎"，所以当你面对担忧时，可以不放弃。当接踵而来的困难障碍出现在你的生活中时，你是否还心怀希望？追求者不会丧失希望，他们会利用自己手中仅有的希望"火种"，战胜黑暗，摆脱困境，去创造一个光明的前程。

有位享誉医学界的医生，事业一帆风顺。但不幸的事情来临了，就在那一天，他被诊断患有癌症。这对他来说当然备受打击。他一度情绪低落，但最终还是接受了这个残酷的事实，而且他的心态也发生了很大的变化，变得更宽容、更谦和、更懂得珍惜所拥有的一切。患病期间，他一方面努力工作，另一方面与病魔做斗争。就这样，他已平安快乐地度过了好几个年头。有人对此感到很惊讶，就问到底是什么神奇的力量在支撑着他。这位医生笑着说：是希望。在每一天的早晨，他都给自己一个希望，希望自己可以多救治一个病人，希望自己的微笑能感染每个人。这位医生做人的境界和医术一样高明。

每天给自己一个希望，就是给自己一个目标，给自己信心，给自己打气。希望是什么？是引爆生命潜能的导火线，是激发生命激情的催化剂。每天给自己一个希望，你的人生将会光芒四射，海阔天空。

生命是有限的，但希望是无限的，只要你不忘每天给自己一个希望，就一定能拥有一个丰富多彩的人生！那么，今天的你怎样培养自己的希望呢？你不妨试试下列的方法：

（1）要跟比你优秀的人在一起。

（2）坚持每天抽出一点儿时间来反省和思考自己。

（3）要认识到组织共识的重要性。

（4）不要忘记送别人礼物，即使是一张小小的卡片。

（5）要守信用，重承诺，并且言行一致。

（6）凡事要分析出最差的情况。

（7）失败之后要及时总结。

（8）成功需要智慧。智慧是知识加上经验和不断地思考感悟而产生的。

（9）成功需要不断学习，不怕学习。

（10）成功并不需要付出什么，而是要学会坚持什么。

（11）做每一件事情都要有期限。

（12）人无远虑，必有近忧。

（13）建立关系需要花时间，所以要有耐力和毅力。

（14）坚持花一些时间来研究你行业中的顶尖人物。

（15）不管你现在要做什么事，请立刻行动。

（16）你有哪些坏习惯？请坚持改正。

（17）要坚持到底，绝不放弃。

（18）成功之钥——严格的自我操练。

（19）做人一定要诚恳，一定要感恩，也一定要诚实。

（20）要找出你恐惧什么？然后去解决它，并且坚持解决，直到成功。

（21）说服是信心的传递，是情绪的转移。

（22）要学会随时随地结交朋友。

（23）不断地告诉自己："我喜欢我自己，我是最棒的。"

（24）当别人不购买你的产品的时候，你依然要感谢他。

（25）必须每个月存 50% 的收入。

（26）要培养自己的幽默感。

（27）要影响有影响力的人。

最后过平衡式的生活，每天进步一点儿点儿，实现人生的理想。希望是属于你自己的，只有你活得有希望，在精神上有发现那份宁静，并与宇宙本体相会心的情怀，才会有永恒的安稳。但那是用你自己的生活和因缘去发现，去实现得来的，而不是恪守教条刻板生活中得来的。活在希望中的人是幸福的、自在的、充实的。

告诉自己：没有借口

无论面对什么样的处境，无论面对什么样的事情，人们都不难为自己的退缩、躲避、放弃找到一些理由；但同时，人们也可以为自己的勇敢、坚强、执着找到更充足的理由。

前者是弱者的托词，后者是强者的品质。

逆水行舟，迎难而上，不给自己留下借口。斩断逃避责任的退路，这通常是一些人之所以从平凡中铸造非凡、从阴霾里走向阳光灿烂的关键所在。

给自己找到借口是非常轻松的事，但是却因此减轻了自己的生命质量。借口能使你轻松一时，却也使你沉重一世。

借口是穿上新装的皇帝的谎言，好像可以遮羞，却无法遮丑。借口是人生的滑梯，让你体验下滑的快感，却无法让你品味上进的豪情！借口是自残的精神鸦片，让你在轻松逍遥的幻象中耗蚀生命，却不能让你宝贵的生命绽放光华。

平庸者拥抱借口，高尚者承诺使命！

弱者总是快慰于当前，强者总是笑在最后！

要想使自己的人生灿烂辉煌，要想使自己的生命更有质量，就要学会：当有100条理由冒出来充当借口的时候，你还能找到第101条理由斩断借口！

在美国人的心目中，林肯是最有威望的总统之一。卡耐基一生都把林肯视为楷模，汲取林肯的生活经验和奋斗精神，鼓励自己战胜困难、走向成功。

林肯从小生长在偏远的乡村丛林边，居住在一所地处旷野的简陋的小木屋里，无窗无门。他的家离学校很远，每天至少要走5里路，但他从来没有迟到旷课过，从来没有因路途远而耽误学习。

林肯十分喜爱读书，在阅读书籍的过程中，他的视野变得非常广阔，有了追求成功的梦想。由于自己没钱买书，他只好去向别人借。有一次，他向一个常请他帮忙挖树桩、种玉米的农民借阅两三本传记，其中有一本《华盛顿传》，林肯看此书看得很着迷，傍晚借着月光看到很晚，第二天一大早，又迫不及待地拿起书来读。一天晚上下起暴雨，他不小心把书弄湿了，书的主人很生气，林肯只好以割捆3天的草料作为赔偿。每次下田干活的时候，他也将书本带在身边，一有空闲就看书。中午他不与家人一同进餐，却一手拿着玉米饼，一手捧书，看书看得入神。

林肯的一生道路非常坎坷，但他从来没有放弃过，从来没有为自己的处境找过任何借口。如果林肯面对暂时的挫折就选择逃避，那么，他可能永远只是一名普通的律师而不可能成为美国历史上伟大的总统。他的这种精神深深地鼓舞着卡耐基，卡耐基正是以他为榜样，才有信心一步一步地迈向成功之路的。

一个人真正的敌人就是自己，而借口又是人们走向成功最可怕的杀手。在追求成功的过程中，如果以各种借口为自己的过错开脱，第一次可能会沉浸在借口的快感之中，为自己带来的暂时的舒适和安全而暗自庆幸。但这种借口所带来的"好处"会让自己第二次、第三次再为自己寻找借口，因为在自己的思想里，已经把寻找借口当成了一种习惯。

人一旦养成了找借口的习惯，工作就会拖沓、做事就没有效率，成功就会受阻。即使失败了，也会为自己找到一个非常好的借口开脱。在失败面前，任何借口都是推卸责任。一个人是选择承担责任，还是选择寻找借口，很大程度上决定了一个人是失败还是成功。懦弱的人选择寻找借口，自信的人选择承担责任。

在日常生活中，人们经常使用的借口有：首先，"我很忙"。许多人总是抱怨自己的时间不够用，但他们却没有意识到自己浪费了很多时间。仔细一想，每天自己花了多少时间在看电视、打电话、休闲、娱乐上，而又花了多长时间在工作上。如果发现自己没有时间时，最好把自己运用时间的方式做个记录，这时，你会对自己仍然有那么多可用的时间而感到惊讶。其次，"竞争太激烈了"。没有竞争就没有成功，自信的人从不怕挑战，相反，把竞争当成自己前进的动力，当一个人觉得竞争激烈时，就会挖掘出自身的潜质，从而使自己脱颖而出。不敢面对竞争的人也是不自信的人，所以也不会成功。最后，"我年纪太大了"。年纪并不能阻碍人们前进，只有不思进取的人才会用这种借口掩饰自己。美国前任总统布什在72岁那年，生平第一次从飞机上跳伞落地，有人曾劝他不要冒险逞强，他却不同意，他坚信自己能够成功。实践证明，他确实成功了。

人是一种把理由看得比事情本身更重要的生物。想做事的人想办法、不想做事的人找理由。一个人一旦找到合理的借口，走向成功的信念就会受到动摇。在挫折、困难面前，要成功，绝没有借口；有借口，绝不会成功。只有失败者才会为粉饰自己失败的行为而四处寻找借口。成功者，永远只会专注于找方法。

自我激励的方法

在现实生活中，能够起到激励自我的有效方法是很多的，下面主要为大家介绍几种最有效的自我激励方法：

（1）树立远大的目标。只有确立一个既宏伟又具体的远大目标，才能够真正激励你奋发向上。许多人惊奇地发现，他们之所以达不到自己的目标，是因为他们的目标太小，而且太模糊，以致使自己失去了前进的动力。如果你的主要目标不能激发你的想象力，目标的实现就会遥遥无期。

（2）寻求挑战。不断寻求挑战，你就会发现你的工作与生活会发生奇妙的变化，并且从中获得全新的动力。但是，不要总想在自身之外寻开心。令你开心的事不在别处，就在你身上。因此，你完全可以找出自身的情绪高涨期，从而不断激励自己。

（3）敢于冒险。冒险意识能激发人们的斗志，使人们竭尽全力。无视这种现象，我们往往会愚蠢地创造一种舒适的生活方式，使自己生活得风平浪静。当然，我们不必坐等危机或悲剧到来，从内心挑战自我是我们生命力的源泉。

（4）不怕犯错。许多时候我们不敢去做一件事，是因为自己没有十足的把握将事情做好。我们感到自己"状态不佳"或精力不足时，往往会把必须做的事放在一边，静等灵感的降临。如果以一种激情满怀的方式来对待自己做不好的事情，就会乐在其中。

（5）加强应对困难的排练。在正式与困难交锋之前，先"排演"一场比你要面对的局面更复杂的战斗。如果手上有棘手活而自己又犹豫不决，不妨挑件更难的事先做。生活给予你的挑战，你完全可以用来挑战自己。这样，你就可以开辟一条成功之路。人生的真谛是：对自己越苛刻，生活对你越宽容；对自己越宽容，生活对你越苛刻。

（6）首先要感觉好。多数人认为，一旦达到某个目标，人们就会感到身心舒畅。但问题是你可能永远达不到目标。把快乐建立在还不曾拥有的事情上，无异于剥夺自己创造快乐的权力。记住，快乐是天赋权利。首先就要有良好的感觉，让它使自己在塑造自我的整个旅途中充满快乐，而不要等到成功的最后一刻才去感受属于自己的欢乐。

（7）不断完善。如果你想使自己不断地趋于完善，就要像绘制一幅巨幅画卷一样，做到精工细笔。如果把自己当作一幅创作中的杰作，你就会乐于从细微处做改变。一件小事做得与众不同，也会令你兴奋不已。总之，无论你有多么小的变化，这些点滴于你都很重要。

（8）交友要谨慎。你没有必要对周围的人一视同仁，特别是对于那些不支持你实现个人奋斗目标的"朋友"，要敬而远之。因为你所交往的人会直接地影响，甚至改变你的生活。结交那些希望你快乐和成功的人，你在人生的路上将获得更多益处。因此，同乐观的人为伴能让我们看到更多的人生希望。

（9）勇于竞争。竞争给了我们宝贵的经验，无论你多么出色，总会人外有人，所以你需要学会谦虚。努力胜过别人，能使自己更清楚地认识自己；努力胜过别人，便在生活中加入了竞争"游戏"。不管在哪里，都要参与竞争，而且总要满怀快乐的心情，要明白最终超越别人远没有超越自己重要。

（10）做好每件小事。塑造自我的关键是甘做小事，但必须即刻就去做。塑造自我不能一蹴而就，而是一个循序渐进的过程。这儿做一点儿，那儿改一下，将使你的一天（也就是你的一生）有滋有味。今天是你整个生命的一个小原子，是你一生的缩影。

（11）重视今天。一个人不能没有未来，而生活又不在未来。我们越是认为自己有充足的时间去做自己想做的事，就越会在这种沉醉中让人生中的绝妙机会悄然流逝。只有重视今天，自我激励的力量才能源源不断。

第八章

修炼心志力：以意志的力量制造出"能量球"

凡是有生命的物体都在伸张自己的生命意志，哲学家尼采、柏格森等认为，生命的本质就是激昂向上、充满创造冲动的意志。中国古代哲学家老子说："强行者有志。"德国哲学家黑格尔说："理智的工作仅在于认识世界是如此。反之，意志的努力即在于使这个世界成为应如此。"《财神》杂志有个广告，意思是人生如牌局，当你抓到了这副牌："富爹、良师、文凭、才能、外貌、勤奋、坚韧、激情、自信、智慧、机遇、为人、发财"，你就赢得太精彩了！而这个世界并非人人如此幸运，富爹、外貌这些牌不是我们能主宰的！所以，想要赢就要在这些通过后天努力可以改变的牌上下功夫！同时内因又决定外因，所以一个人的内在动态力量显得非常重要！一个人拥有强大的意志力，才能获得让自己成为想成为之人，成就想成就之事的强大力量。

意志力——超常能量的充电电池

什么是意志力？意志是指人们为了达到预定目的，自觉调节、控制自己行为，同困难做斗争的心理过程。意志力是人们根据一定的立场、观点、信念，自觉地确立目的，并使用各种方法采取行动的心理能力。它包括自觉力、果断力、自制力和坚韧力。

意志力就是一种思想中的动态力量，也是一种与人的目标息息相关的力量。在一些相互独立的、偶发性的事件中，意志力可能表现出了巨大的力量，但如果面对的是某些事件连续的全过程，或者是一生宏伟的目标，它又可能是力不从心的。换言之，一个人的决心如果常常是不坚定的，那么，他就无法在长期的、一系列连续的行动中保持坚强的意志力，也不可能有毅力去实现远期的目标。

爱默生说："成为一个果敢而有坚定信念的人。只有当人和他的意志力互相沟通，使两者融为一体的时候，这个世界才有驱动力。"人的行为在很大程度上是由他的意志力决定的，而意志力又取决于人本身，因为归根结底还是人在做选择。在这个问题上，就产生了意志力的一对矛盾：意志力具有引导自我的巨大力量，然而又必须由人来决定怎样发挥这种力量，以及用这一力量来实现什么样的目标。正是这对矛盾，引发了我们对意志自由问题的思考。

一位法国作家曾经说："意志力就是为了行动而进行选择。"

这一表述并不非常准确，因为意志力本身并不能进行选择，作出选择的是人。但从宽泛的意义上来说，意志力也可以被定义为选择"一个人该做什么"的力量。这种选择往往与意志力相关，而伴随着意志力而来的是相应的行动。只要精神和体力条件允许，我们通常会按照自身实际的选择来做。当条件不允许的时候，我们也许心里很渴望，但是在意念上我们不会选择去做。从这个意义上来说，选择也包含了理性，只有当理由非常充分的时候，人才会产生意志力。

有人认为，意志力是"一种有意识的心理机能，尤其体现在经过深思熟虑的行动上"。但"有意识"一词对于意志力的界定是否必不可少，这仍然是一个值得商榷的问题。因为一些看似无意识的举动，可能正是一个人意志力的体现；而另外一些脱离人的意志力指引的行为却肯定是有意识的。人的一切自愿行动都是经过考虑的，因为即便这一行动是在瞬间做出的，思考的因素仍然在其中发挥着作用，就像谚语云"如同闪电般迅速"。所以，人们把意志力定义为"自我引导的力量"。

下面就举一例来加以说明，有名叫布朗丁的走钢丝的杂技演员曾说过这样一件事："有一天，我签了一个协议，要在指定的一个日子表演沿着钢丝推一辆手推车，那是在我腰痛病发作的前一两天签的。当我腰痛后，我就把医生叫来，告诉他必须在某一天前把我治好。否则，我不仅会失去我应挣的钱，而且会被罚一大笔钱。但是，我的病情并不见好转，临表演前的最后一天晚上，医生与我争辩，他激烈地反对我第二天去走钢丝。第二天早晨，我的病情仍没有什么起色，医生禁止我下床。我对他说：'我为什么要听你的劝告？如果你不能把我治好，为什么我还要遵从你的意见？’当我赶到现场时，医生也赶到了那里，力劝我不要那样做，说我的身体状况不适合参加表演。但我还是上了，尽管直到走钢丝的前一分钟我的腰都很痛。我准备好了平衡竿和手推车，握住车的把手，推着车沿着钢丝索前进。结果，我的这次表演像以往的任何一次表演一样，很顺利。我把手推车推到了另一端后，又将它沿着绳子推了回来。但当这一切结束的时候，我又腰痛难忍。是什么使我在犯腰痛病的情况下完成了走钢丝的表演呢？答案就是我的意志力。"

　　一个人拥有强大的意志力，意味着他通过意志力本身、通过自己的身体或通过其他的事物，能够利用巨大的内在能量来达到预定目的。这就是爱默生所说的，意志力是"鼓舞士气、振奋人心的冲劲"。

　　从这个意义上说，人的意志力可以被形象地比作充电电池，其放电能量的大小取决于它的容量和它的疏导系统。它可以积聚很多的能量，在恰当的操作下能够释放出强劲的电流。在某个事件或者某种特殊的情况刺激下，一个人可能会表现出巨大的意志力，而由这种意志力又能引发人们的超能力。所以说，意志力可以被看作一种积累起来的能力，一种在量上能够增加、在质上能够提高的能量。

意志决定成败

美国著名发明家爱迪生说："伟大人物的最明显标志，就是坚强的意志。"尼克松说："惊天动地的伟业，与意志薄弱者无缘。"意志力作为一种力量，一种精神，是指一个人或一个组织想要达到某种目标而自觉奋斗，永不退缩的心理状态，它体现为一种承受能力，一种精神气质。一个人的意志薄弱或意志坚强，主要是指在承受过程中，这种精神气质得到多大程度的张扬。人们可虚拟一个关于意志力的坐标或数轴，这种精神气质在坐标——数轴的正方向延伸得越长，意志就越坚强；相反，则越薄弱。

意志力的力量不仅能够完全地控制一个人的精神世界，而且能够让人的心智达到前所未有的高度。意志力是一把能够开启人的洞察力和征服力的神奇钥匙。意志力是一种发自内心、自我驱动的力量，是每一位成功者都拥有的最重要的精神特质。成功学大师认为，意志力的发展对于一个人的成功有举足轻重的作用。意志力根植于人类伟大的内在力量的源泉之中，是人人都有的一种来源于自我的力量。

所以，训练个人意志力，提升个人意志力，对于一个人赢得成功的人生，是至关重要的。正如谚语所说："一根链条的强度就是它那最脆弱的环节的强度。"

世界塑料大王王永庆就常常告诫他的儿孙："中国有句古老

的俗话：富不过三代。白手起家的第一代，往往缺乏创业的条件，他会明白，如果不努力，根本没有出头的日子。为了追求创业的条件，必须事事耗费苦心，在困难中创立起来的基础一定是很扎实的。第二代如果善于利用这个基础，往往不太容易受到影响，还知道用功。到了第三代，不但没吃过苦，甚至也没有见过什么是苦，就容易松懈。人一旦松懈，会不知不觉地疏于防范，所以说，富不过三代。"

王永庆的发家史就是一部坚韧不拔、勇于拼搏、不断进取的奋斗史。他以坚强的意志在贫困中崛起，又以平常的心态，长守于生的富有，这也体现了中华民族那种"胜不骄，败不馁"的不卑不亢的民族气节。

意志力是人格中的重要组成因素，对人的一生有着重大影响。人们要获得成功必须要有意志力做保证。早在2400多年前，孟子就说过："天将降大任于斯人也，必先苦其心志，劳其筋骨，饿其体肤，空乏其身，行拂乱其所为，所以动心忍性，曾益其所不能。"这段话，生动地说明了意志力的重要性。要想实现自己的理想，达到自己的目的，需要具有火热的感情、坚强的意志、勇敢顽强的精神，克服前进道路上的一切困难。这样，就没有什么不可能的。

罗素·康维尔博士说："古往今来，对于成功秘诀的谈论实在太多了。但其实，成功并没有什么秘诀。成功的声音一直在芸芸众生的耳边萦绕，只是没有人理会它罢了。而它反复述说的就是一个词——意志力。任何一个人，只要听见了它的声音并且用心去体会，就会获得足够的能量去攀越生命的巅峰。几年来，我一直努力致力于一项事业——试图在美国人的思想中植入这样一种观念：只要给予意志力以支配生命的自由，那么我们就会勇往直前。"

其实，人类的意志力包含了某种神秘的力量。然而，作为一种普通的"心智功能"，意志力又是为人所熟知的东西，我们每天都能感受到它的存在。有许多人会否认，在本质上人是一种精神动物，但是，恐怕没有人会怀疑每个人都或多或少要受自己意志力的影响。尽管不同的人们对于意志力的源泉、对于意志力如何影响人以及对意志力的积极作用和局限性有着不同的看法，但大家都认同这样的看法：意志力本身是人类精神领域一个不可或缺的组成部分，甚至在我们每个人的生命中，意志力都发挥着超乎寻常的重要作用。

事实上，当一个人认可了某一种动机，也就是在这一方面为下定决心提供充足的理由时，那么他就已经选择好了适当的行为来服从意志。但也可能出现这样的情况，很多人似乎认同某种行为的理由，却没有决心去实践。为什么呢？那是因为可能在潜意识当中，有其他理由为不采取行动或采取相反的行动提供了充足的依据。

因此，人们认为意志力的展现有 4 个相关的步骤：

（1）把可能要做的事呈现在脑海中；

（2）将所要完成之事的动机或理由呈现在脑海中；

（3）在脑海中阐发充分的理由；

（4）依据充分的理由来下定决心。

请你记住：一个人如果决定要成为什么样的人，或者是决心要做成什么样的事，那么，意志或者说动机的驱动力会使他心想事成，如愿以偿。

用自己的脚走路

　　美国人曾经必须靠每个人自己的决断来求取生存。当年那些驾着马车向西部开发的拓荒者，遇到事情时并没有机会找专家来帮忙解决问题。不管是遇到紧急情况还是危机事件，他们只能依靠自己。印第安人攻击他们的时候，旁边并没有警察，他们只能依靠自己的智慧和力量。这些人，每当遇到生活上的各种问题，都得依靠自己立即下判断、做决定。事实上，他们也一直做得非常出色。

　　现在人们生活在一个充满专家的时代。由于人们已经非常习惯于依赖这些专家权威性的看法，所以便逐渐丧失了对自己的信心，以致不能对许多事情提出自己的意见或坚持信念。这些专家之所以取代了人们的社会地位，那是因为是人们让他们这么做的。

　　其实生活中最大的危险，就是依赖他人来保障自己。"让你依赖，让你靠"，就如同伊甸园的蛇，总在你准备赤膊努力一番时引诱你。它会对你说："不用了，你根本不需要。看看这么多的金钱，这么多好玩、好吃的东西，你享受都来不及呢……"这些话，足以抹杀一个人意欲前进的雄心和勇气，阻止一个人利用自己的资本去换取自己的成功与快乐，让你日复一日原地踏步，止水一般停滞不前，以致你到了垂暮之年，终日为一生无为悔恨不已。而且，这种错误的心理，还会剥夺一个人本身具有的独立的权利，使其依赖成性，靠拐杖而不想自己一个人走。有依赖，就不会想独立，其结果是给自己的未来挖下失败的陷阱。

美国总统约翰·肯尼迪的父亲从小就非常注意对儿子独立性格和精神状态的培养。有一次他赶着马车带儿子出去游玩，就在一个拐弯处，因为马车速度非常快，猛地把小肯尼迪甩了出去。当马车停住时，小肯尼迪自以为父亲会下来把他扶起来，但父亲却坐在车上悠闲地吸起烟来。

儿子叫道："爸爸，爸爸，快来扶我。"

"你摔疼了吗？"

"是的，爸爸！我连站起来的力气都没了。"儿子带着哭腔说。

"那也要坚持站起来，重新爬上马车。"

儿子挣扎着自己站了起来，摇摇晃晃地走近马车，很艰难地爬了上来。

父亲摇动着鞭子问："你知道为什么让你这么做吗？"

儿子摇了摇头。

父亲接着说："人生就是这样，跌倒、爬起来、奔跑，再跌倒、再爬起来、再奔跑。任何时候都要全靠自己，没有人会去扶你。"

自从那次以后，父亲就非常注重对儿子的培养，如常常带着他参加一些大的社交活动，教他怎样向客人打招呼、道别，与不同身份的客人应该如何交谈，如何展示自己的精神风貌、气质和风度，如何坚定自己的信仰，等等。有人很好奇地问他："你每天有这么多事，怎么还有耐心教孩子做这些鸡毛蒜皮的小事呢？"

谁料约翰·肯尼迪的父亲一语惊人："我是在训练他做总统。"

后来约翰·肯尼迪果真当上了美国第三十五届总统。

雨果曾经写道："我宁愿靠自己的力量打开我的前途，而不愿求有力者的垂青。"只要一个人是活着的，他的前途就永远取决于自己，成功与失败，都只系于自己身上。而依赖作为对生命的一种束缚，是一种寄生状态。英国历史学家弗劳德说："一棵树如果要结出果实，必须先在土壤里扎下根。同样，一个人首先需要学会依靠自己、尊重自己，不接受他人的施舍，不等待命运的馈赠。只有在这样的基础上，才可能做出成就。"将希望寄托于他人的帮助，便会形成惰性，失去独立思考和行动的能力；将希望寄托于某种强大的外力上，意志力就会被无情地吞噬掉。

为了训练小狮子自强自立，母狮子故意将它推到深谷，使其在困境中挣扎求生。在残酷的现实面前，小狮子挣扎着一步一步从深谷之中走了出来。它体会到了"不依靠别人，只能凭借自己的力量前进"，它慢慢走向成熟了。

真实人生的风风雨雨，只有靠自己去体会，去感受，任何人都不能为你提供永远的庇荫。你应该掌握前进的方向，把握目标，让目标似灯塔般在高远处闪光；你应该独立思考，有自己的主见，懂得自己解决问题。你不应相信有什么救世主，不该信奉什么神仙或皇帝，你的品格，你的作为，你所有的一切都是你自己行为的产物，并不能靠其他什么东西来改变。倘若摆脱不了对别人的依赖，那么你将永远是一个弱者。

秉着自动自发的精神

人性的本质是主动而非被动的，人应该秉着自动自发的精神，这样才能主动创造有利环境。

美国文学家及哲学家梭罗说："最令人鼓舞的事实，莫过于人类确实能主动努力以提升生命价值。"

人类具有自动自发的精神活动，而动物则缺乏这种自觉，也就是自我觉察的能力。这是人之所以为万物之灵，以及能够不断进步的关键；同时也是我们能从经验中吸取教训，并且改善习性的根本缘由。

凭借自觉意识，可以客观检讨我们是如何"看待"自己——也就是我们的"自我思维"。所有正确有益的观念都必须以这种"自我思维"为基础，它影响我们的行为态度以及如何看待别人，可以说是一张属于个人的人性本质地图。有了这种认识之后，将心比心，我们也就不难体会他人的想法。否则难免会以己之心，度人之腹，以致表错情、会错意。幸好人类独有的自我意识，使我们能够检讨自我思维究竟确实发自内在，还是来自社会的制约与环境的影响。

弗兰克尔在狱中发现的人性准则，正是追求圆满人生的首要准则——"积极主动"。它的含义不仅是采取主动，还代表人必须为自己负责。个人行为取决于自身，而非外在环境；理智可以战胜感情；人有能力也有责任创造有利的外在环境。

"积极主动"的精神是自动自发意识的典型表现。这是人类的天性，如若不然，那就表示一个人在有意无意间选择消极被动。消极被动的人易被自然环境所左右，在天气晴朗的日子里，兴高采烈；在阴霾晦暗的日子，无精打采。积极主动的人，心中自有一片天地，自身的原则、价值观才是关键。如果认定工作品质第一，即使天气再坏，依然不改敬业精神。

不过，这并不表示自动自发的人对外来的刺激无动于衷。他们对外界的物质、精神与社会刺激仍有所回应，只是如何回应完全掌握在自己手中。

美国小罗斯福总统的夫人曾说："除非你同意，否则任何人都不能伤害你。"以印度民族主义者和精神领袖圣雄甘地的话来说就是："若非拱手让人，任何人无法剥夺我们的自尊。"因此，令人受害最深的不是悲惨的遭遇，而是"默许"那些遭遇发生在自己的身上。

如果你想登上成功之梯的最高阶，你得永远保持主动率先的精神，纵使面对缺乏挑战或毫无乐趣的工作，最后也能获得回报。当你养成这种自动自发的习惯时，你就有可能成为命运的掌控者。

自动自发地做事，同时为自己的所作所为承担责任，那些成就大业之人和凡事得过且过的人之间最根本的区别在于，成功者懂得为自己的行为负责。没有人能促使你成功，也没有人能阻挠你达成自己的目标。

当 Google 的创始人谢尔盖·布林和拉里·佩奇在电视上接受访

问，被记者问到他们的成功应该归功于哪一所学校时，他们并没有回答斯坦福大学或密西根大学，而是回答"蒙台梭利小学"。在蒙台梭利教育的环境下，他们学会了"自己的事，自己负责，自己解决"。是这样的积极教育方式赋予了他们勇于尝试、积极自主、自我驱动的习惯，因而带来了他们的成功。

弗兰克原本是一位受弗洛伊德心理学派影响颇深的决定论心理学家，但是，他在纳粹集中营里经历了一段凄惨的岁月后，开创出独具一格的心理学流派。

弗兰克的父母、妻子、兄弟都死于纳粹魔掌，而他本人则在纳粹集中营里受到严刑拷打。有一天，他赤身独处于囚室之中，突然意识到了一种全新的感受——也许，正是集中营里的恶劣环境让他猛然警醒："在任何极端的环境里，人们总会拥有一种最后的自由，那就是选择自己的态度的自由。"

弗兰克的意思是说，在一个人极端痛苦无助的时候，他依然可以自行决定他的人生态度。在最为艰苦的岁月里，弗兰克选择了主动积极的态度。他没有悲观绝望，反而在脑海中设想，自己获释以后该如何站在讲台上，把这一段痛苦的经历介绍给自己的学生。秉着这种自动自发的精神，他在狱中不断磨炼自己的意志，直到自己的心灵超越了牢笼的禁锢，在自由的天地里任意驰骋。

弗兰克在狱中发现的思维准则，正是我们每一个追求成功的人所必须具有的人生态度——自动自发的精神。

所以，每一个年轻人都要拥有自动自发的精神，主动积极地去做事情，为自己的人生作出最为重要的抉择。没有人比你更在乎你的事业，没有什么东西像自动自发的精神一样更能体现你的独立人格。

正如美国诗人惠特曼在《草叶集》里所写的那样："我不能，别的任何人也不能代替你走过那条路；你必须自己去走。"

苹果公司总裁曾留给人们一段话：

你们的时间有限，所以不要浪费时间活在别人的生活里。

不要被信条所惑——盲从信条是活在别人的生活里。

不要让任何人的意见淹没了你内在的心声。最重要的，是拥有跟随内心和直觉的勇气。你的内心与直觉知道你真正想成为什么样的人。任何其他事物都是次要的。

快速敏捷地采取行动

无数人从做事情中提炼出这些方法，比如"快半拍"，依靠的是先人一步的才识和魄力。处在这个事事必须争先、竞争激烈无比的时代，迟一步就可能永远没有希望了。只有先人一筹，快人一步，永远走在别人的前面，才能真正做到稳操胜券！

心里想得再美妙，没有具体的行动去落实，也成不了美好的现实。说得再漂亮，言行不一致，也只是美丽的泡沫。不要让自己的想法成为一道绚丽的彩虹，只在雨后展现奇妙的身影。成功不是想出来的，而是依靠自己达成刻苦和忍耐达成的。有了目标，可以把时间倒推上去，确立相应的步骤，一步一个脚印，勇往直前，目标的实现便水到渠成。

有一些人做事情常常犹豫不决，不由得推迟决定时间，但这样做浪费了时间，在你感到急需作出决定时业已错失良机。为了避免以上情况的发生，首先须作出临时决定，然后付诸行动。一旦出现消极面，当时就予以纠正，就这样一步一步脚踏实地地推进工作。这样做便不会如此愁闷、犹豫不决，所取得的成效也远比不采取任何行动的要大得多。

奥格·曼狄诺写道："今天是我生命中的最后一天。""我憎恨那些浪费时间的行为。我要摧毁拖延的习性。我要以真诚埋葬怀疑，用信心驱赶恐惧。我不听闲话，不游手好闲，不与不务正业的人来往。我终于醒悟到，若是懒惰，无异于从我所爱之人手中窃取食物和衣裳。我不是贼，我有爱心，今天是我最后的机会，我要证明我的爱心和伟大。"培根说过："真正的敏捷是一件很有价值的事。因为时间是衡量事业的标准，一如金钱是衡量货物的标准；所以在做事不敏捷的时候，事业的代价一定是很昂贵的。"

生活好比一首交响乐曲，有快慢、强弱、张弛等交替出现的旋律。它在一定程度上反映了人们的生活方式和精神面貌。有的人无论干什么，都是手脚利索，效率极高；有的人则慢慢腾腾，磨磨蹭蹭，效率非常低。犹如音乐中的节拍，前者一个八分音符唱半拍，后者一个四分音符唱一拍，前者比后者快一倍。由此推而广之，人们如果能把起床、穿衣、洗脸、漱口、吃饭、走路等全部生活节奏都由原来的"四分音符"变为"八分音符"，那么，人们要多做多少工作呢？！

现在世界已进入信息时代。信息，离开了"快"，其价值难免大打折扣，甚至等于零。市场上，一个信息获得的迟早，可能使一些企业财运亨通或倒闭甚至破产。科学技术上一个新发现或发明公布的先后，可能影响到首创权，或者专利的归属。

曾经在美国最畅销的三本书中，有一本为《一分钟经理》。这本"一分钟经理"有两个奥秘，第一个叫"一分钟批评"，第二个是"一分钟表扬"。何谓"一分钟批评"？即如果职员做错了事，经理在核对事实后马上找职员谈话，准确地指出该职员的错误所在，并同他一起感受犯错误的滋味，期待他不要再犯同样的错误，整个过程只有 1 分钟。所谓"一分钟表扬"，也大体如此，即职员做对了，经理马上会表扬，精确地指出做对了什么，和职员一起享受成功的喜悦，然后给予鼓励，一共花费 1 分钟时间。也许是"时间就是金钱"的缘故，部下的错误与成绩对企业的作用与时间的投入成正比，因此，经理对部下的批评和表扬也非讲"时效"不可。不可否认的是，不同的社会、不同的民族，有不同的习惯和性格。可是，生活节奏毕竟是一个社会发展效率的剪影，也是一个人能否取得成就和成就大小的重要因素。

美国著名女学者海伦·凯勒，自幼因患猩红热而失明失聪。她在《假如给我三天光明》一文中，指出有些人认为来日方长而不珍惜今天的光阴，常常饱食终日，无所事事，由于失去了时间的压力，干什么事情都慢吞吞的，心灵麻木了，呆滞了。为了向生活中这种庸碌之辈敲响警钟，作者机智地设问："假如你只有三天的光明，你将如何使用你的眼睛？"用这样的问题启发人们去思考，呼唤人们快节奏地工作、敏捷地行动，把活着的每天都看作生命的最后一天，以便充分地显示生命的价值。

勇敢地面对一切

人的一生不可能没有失败和挫折，但失败和挫折并不可怕，可怕的是失去信心和勇气！成功只属于那些不怕挫折、勇于奋斗的人！平静的湖面练不出优秀的水手，安逸的环境造不出时代的伟人。

两强相争，勇者胜。从一开始就要抱着必胜的决心，只有这样才能把事情做好。韩国的跆拳道，日本的武士道，都是在锻炼自己的意志，锻炼自己的勇气。有一个故事，讲到老板想训练自己的儿子，请了一位最好的老师教他跆拳道，一个月过去了，老板看到他的儿子还是一次又一次地被打倒在地，感觉训练没有效果，于是问教练，教练说，这种屡败屡战，永不服输的精神不正是你要训练他的吗？

在人生的旅途中难免会遇到险滩恶浪，如何驾驶生命的小舟，让它乘风破浪，驶向成功的彼岸？这需要坚韧的意志，非凡的勇气，不随波浮沉，任凭风吹浪打，胜似闲庭信步，以百折不挠的精神去面对困难，以一种平常心去面对挫折，到中流击水，浪遏飞舟，相信你终会从山重水复疑无路，峰回路转至柳暗花明又一村的境地，迎接你的必将是"会当凌绝顶，一览众山小"的无限风光。人生难免有起伏，然而没有经历过失败的人生不是完整的人生。

"梅花香自苦寒来"，没有地壳的底蕴，便没有金子的辉煌；没有挫折的考验，便没有不屈的人格。

"不经历风雨，怎么见彩虹？"饱受生活的艰辛，不一定能够成为生活的强者，而想成为强者必须饱尝生活的艰辛。法国作家巴尔扎克说："挫折就像一块石头，对于弱者来说是绊脚石，让你却步不前；而对于强者来说却是垫脚石，使你站得更高。"只有抱着崇高的生活目标，树立崇高的人生理想，并勇敢地在挫折中磨炼，在挫折中奋起，在挫折中追求的人，才有希望成为生活的强者。伟大的音乐家贝多芬 32 岁时耳朵全聋了，这是多么沉重的打击啊，但他说："我要扼住命运的咽喉，它妄想使我屈服，这绝对办不到。"这便是磨难，"自古英雄多磨难"。但是，有一些人在面对人生不如意的时候，崇尚"塞翁哲学"，总是用"塞翁失马，焉知非福"来自我安慰。有时并不能否认这种顺其自然的态度，但是，你真的忘记了自己作为一个人的力量，你怎么想你就是一个怎样的人——其实很简单，你必须振作起来。就像一首诗里写的那样：需要一点儿勇气，也需要一点儿自我克制，还需要有几分严峻的决心，你必须接受打击，或者施加打击；你必须冒险，也必须付出，勇敢地去迎接战斗。

西班牙小说家、戏剧家和诗人塞万提斯说："丧失财富的人损失很大；可是丧失勇气的人，便什么都完了。"

一个周日西米和几个朋友去郊外爬山，那天他们玩得非常尽兴。不知不觉太阳都快落山了，他们还在山顶，如果原路返回还需要 2~3 个小时的时间。这时候有人提议说他知道一条捷径，不到 1

个小时就可以下山，但是要跨过一条小沟。

望着越来越低的太阳，大家一致赞同走近路。

那小沟大概有几米深，沟里是潺潺的溪水，在4月的黄昏里发出响亮而空洞的声音，那种声音让人想到不慎失足掉下去的惨烈……前进还是后退？他们在沟前犹豫了许久，天色一点儿一点儿地暗了下去。

这时候，一个年轻的女孩儿站了出来。她拿了一根树枝比量了一下，然后放在地上，说："这条沟就是那么宽的距离，大家试着跳跳看。"于是，有些人很轻易地跳过了那个和沟宽差不多的距离。但是面对溪水"哗哗"的水沟，有的人还是很害怕。女孩儿第一个跳过去了。大家相互鼓励着，一个个也都跳过去了，包括胆小的西米。

那个傍晚，大家很快就下了山。而且，在新的道路上，他们还发现了一大片粉红嫩白的桃花。在这样一个落英时节，那绚烂的色彩真是一道令人惊喜的风景。而下山后不久，就下起雨来，又大又急。大家都笑着说："那小沟并没有我们想象中的可怕吧！可怕的只是我们心中的想象。我们一抬腿，不就过来了吗？人生世事难料，祸夕旦福是常有的事。如果我们当时选择从熟悉的那条路回来，说不定都成了落汤鸡了。"

人生之路充满坎坷和崎岖。每次面临进退的选择，当你感到恐惧和疑虑时，就如同面临一条拦路的小河沟，其实你抬腿就可以跳过去，就那么简单。在许多困难面前，人需要的，只是那一抬腿的勇气。

披上克制力的"护身甲"

人吃五谷杂粮，七情六欲天生附体，因而，易于产生放纵之心而失去理智。于是，在人的灵魂和肉体里，便多出一种不可或缺的主宰力量——克制力。人区别于动物很重要的一点就是人有克制力，这种克制力大大超出了动物的本性。在很多时候，人与人的差别，正是体现在克制力上。

歌德说："谁不能克制自己，他就永远是个奴隶。"我们的生活在不断诠释这个道理——善于克制自己，才有可能走向成功，拥有完美无缺的人生。克制力是生命的"护身甲"，懂得克制自己的人是理性的人，这样的人冷静从容，做事从不冲动，而且有十足的信心控制局势，能够不急躁，有次序地前进，并且有始有终。

比尔·盖茨深刻地说："我们唯一能控制的便是我们的头脑，如果我们不能控制它的话，别的力量就会来左右它了……"一个人若不能控制自己的头脑，思想总被其他各种思想干扰、左右的话，这样的头脑就成了大杂烩。

会克制自己的人，就会发展自己；会发展自己的人，也会克制自己。坚持自己该做的事情，是一种勇气。克制自己需要顽强的意志和毅力，这种意志是一个逐步积累的过程。平时，要从调节自己的情绪起步。能以自己的思绪控制行动的人是弱者；反之，能用行动来控制自己思绪的人，则是强者。经常注意将情绪调整到较佳的位置，久而久之，就能增强自己的聚焦意志，使聚焦效应结出丰硕的果实。

下面我们来看这样一则故事：

一天，小镇上贴出了一个非同寻常的招聘启事，吸引了小镇上众多的人驻足观看。那则启事上这样写道：招聘一名懂得克制自己的年轻人，月薪4美元，表现得优异可增加至6美元，有升迁机会。

说它不寻常就是因为它的内容是"懂得克制自己的人"，大人和小孩儿都无法理解这一点。许多大人都鼓励自己的孩子去参加应聘。负责招聘的人给前来应聘的年轻人一段文字，问："你能够读吗？"

"能啊。"

"那持续不断地阅读这一段，你能够做到吗？"

"可以啊。"几乎所有的应聘者都脱口而出。

"那么好吧，你们就一个一个来。"

那段文字被交到一个年轻人手里。当他开始阅读时，负责招聘的人放出几只漂亮的小狗。小狗绒球一般滚动，打打闹闹，非常可爱。年轻人很快就读不下去了，他的眼睛被小狗深深地吸引着。

第二个年轻人，只读了一两句便错了，他也受不了小狗如此可爱的诱惑。一个又一个年轻人读不下去了，轮到最后一个年轻人上场了，小狗咬着他的衣服，他也不为所动，一字不错地读了一遍又一遍。

负责招聘的人非常高兴，说："小伙子，你承诺的事总会去做吗？"

"我会尽自己最大的努力去做。"

"好，你被录用了。"

学会努力克制自己，就是要有坚定的目标，风云变幻时泰然自若。只向着一个目标前进，岔路便分不了你的神，你也不会转来转去，在人生的岔路口花时间精力去判断哪一条才是正确的道路，你只要一心向着自己的目标走去，就可以了。

自制不仅是人的一种美德，而且在一个人成就事业的过程中，自制也可助其一臂之力。一般人认为，自制仅仅是在物质上克制欲望，然而，对于一个想要取得成功的人来说，精神上的自制力也是重要的。

那么，一个人应该如何培养自制力呢？

（1）掌握好自己的思想。没有意识作为先导，人就不可能有具体的行为。控制思想，就要明白自己到底要做什么，这是认识问题。然后再弄清楚，怎样拒绝不能做的事？强制自己一心做该做的事，这是方法的问题。最后再掂量一下，自己做了该如何，不做又该如何，这是建立毅力的前提，是由控制思想向控制行为过渡的问题。

（2）控制好目标。目标是思想的核心，更是行动的指南。人不可能无为而治，都要有一定目的；做事都要有计划，不能一团乱。控制好目标是取得成功的一种重要方法。

（3）掌控好时间。人生活在空间和时间中，空间容纳人，时间改变人。许多人做不好事情，就是没利用好时间。操纵时间是门大学问，你应该把你计划要做的事，结合你的个人情况，做一个统筹的安排。当我们能控制时间时，就能改变自己的一切。

时刻保持旺盛的斗志

罗素指出："青年的性质就是骄傲一点儿也无妨，青年的性质偏于进取，在老成者视之，自不免近于狂。"

青年应当狂，青年的狂，连那保守的孔老夫子都有些欣赏。可是，我们的教育却容不下这种狂，喜欢的是"5分加绵羊"。"绵羊"自然是听话的、温顺的，"绵羊"怎么能狂呢？过分温顺、驯服的小绵羊没有了狂狷之气，就会丧失斗志和激情，丧失主体性人格。我们的心志修炼，就是要减少些"绵羊"气，多一点儿"狂狷"气。如果能够这样，那么精神发育、心灵发育就比较完美了。

古语云："先有非常之人，才有非常之事。"这句话可以再补充一句：先有非常之心，才有非常之人。有什么样的心，决定了有什么样的人；什么样的人，决定了做什么样的事；什么样的事，决定了取得什么样的结果。谁都会有这样的经验：做一件事，如果你抱着坚定的决心和旺盛的斗志，在做的过程中就会竭尽全力、动用你的一切力量，最终走向成功。

在人生的战场上，要时刻保持旺盛的斗志。当你把消极、知足之心换下来，扔到垃圾桶去，换上一颗积极的、不知足的、不断向前的、不断奔腾的心，你就拥有了成功者的心态。换上这样一颗心，你就一定能够成为成功者。现在有移植记忆、移植大脑之说，如果科学发达到能够移植人的心灵，把那些成功者、大成者的心灵多复制一些，给那些平庸者安上，肯定能使许许多多的人成功！

下面让我们读一则故事：

从前，有一位国王，连1匹马都没有。因此，国王心中非常忧郁，脑海中幻想着邻国强大的兵马。有一天邻国攻打到本国的时候，实在无法应付，于是国王下定决心，花费重金四处购买骏马！

国王的属下终于实现了他的愿望，不久便买来了500匹高大的骏马。国王见了，心中十分高兴，下令叫人加以训练。

当500匹马被训练得能够冲锋陷阵的时候，邻国对他的态度改变了。建立邦交，互派使节，表现出一副非常和气的样子。从此，国王以为可以高枕无忧了。

这样和平地过了几年之后，国王看到这500匹马老是无所事事，这一笔经费的负担实在不小，心中又忧虑起来！

忽然，他灵机一动，欢呼雀跃地说：

"何不把这些马，拿去从事生产的事业？这样不就可以增加国家的财政收入了吗？"

于是，国王下令将这500匹马牵到磨房去磨米。

这500匹马，每天被工人们用布把眼睛蒙住，又被鞭子抽打，拉着石磨旋转。刚开始时，这些马非常不习惯，横竖乱窜，工人们也感到很吃力，但后来，时间一久，习惯成自然，500匹战马，对拉磨也就适应了。

国王一见，很高兴，他快乐地笑道："哈哈！这些马既能保国，又能生产，真是一举两得啊！"

　　不久，邻国突然举兵侵入他的国境，他即时下令召集那 500 匹马，准备应战！国王领着 500 骑骑兵，浩浩荡荡向战场进发，一路上，国王骄傲地想着："大胆的敌人啊！我有这么多强壮的兵马，你们简直是自寻死路，让我的军队把你们杀得片甲不留！"到了战场，两军交锋，展开了激烈的战斗，国王的 500 匹马虽很强壮，但由于平时都已拉磨旋转成为习惯，此时和敌军交战，仍然不停地旋转着，骑在马上的兵将，一着急，扬鞭加紧地抽打，这样抽打得越快，马旋转得也越快。敌军见状大喜，速令驱军直进，一路横杀直刺，锐不可当，把那国王的兵马杀得落花流水，全军覆没。

　　这个故事深刻地告诉人们，战马不是用来拉磨的，拉磨的马也不能用来打仗。一个志在成功的人，必须时刻保持旺盛的斗志，在顺利的时候，未雨绸缪，不断进取，这样，在困难和挫折面前才能够勇往直前，直到成功。

坚忍不拔，不向命运低头

一个人不怕不成功，就怕他不相信自己能成功，只要坚信，一切皆有可能。正如《圣经》上所说："坚定不移的信心能够移山。"而在实际生活中，有这种坚忍不拔精神的人并不多，美国发明大王爱迪生曾说："我明白了，成功的大小不是由这个人达到的人生高度衡量的，而是由他在成功路上克服的障碍的数目来衡量的。"

伦敦市一位著名雕塑家罗琳，作品常年在一个很有名望的美术馆展出。馆长去世后，美术馆停业了。当时，罗琳刚出道，没有第二个美术馆愿意接纳她的作品，这个结果令她大吃一惊。她整整奔走了2年，结果还是一无所获。她百思不得其解，是作品不够好，还是她的性情招人厌？难道老天是在惩罚她早年的成功？她终日郁郁寡欢，无法工作。

一天，一位喜欢她作品的馆长对她说："你想知道，我为什么不展出你的作品吗？"罗琳求他说出来。他平静地看着她说："你太老了。"罗琳当时不过45岁，她简直不敢相信自己的耳朵。馆长解释说，他只喜欢两种人：不是初出茅庐者，就是十分成熟的艺术家，他们的作品价格合理而且可供批评家们"挖宝"。而罗琳两者都算不上。尽管馆长的这番话颇为伤人，罗琳还是洗耳恭听。刹那间，她一切都明白了。罗琳痛苦地告诉自己："我在伦敦，或许再也找不到一个伯乐了。"她不再漫无目的地从这家美术馆奔走到另一家美术馆，她决定做自己的主人。如今，她为自己寻觅场地办展览，她邀请人们边喝咖啡，边欣赏她的作品。她不懂艺术的商业性，但学会了应对逆境的办法，最后，她凭着自己坚强的意志力成功了。

爱默生说："伟大高贵的人物最明显的标志，就是他坚定的意志，不管环境变化到何种地步，他的初衷与希望，仍然不会有丝毫的改变，而终将克服障碍，以达到所企望的目的。"

"跌倒了再站起来，在失败中求胜利。"无数伟人都是这样成功的。

有人问一个孩子，他是如何学会溜冰的。那孩子说："哦，跌倒了爬起来，爬起来再跌倒，再爬起来，这样便会了。"人生的胜利莫过于此，孩子的话说的就是这种精神。跌倒不意味着失败，跌倒了不站起来，才是真正的失败。

一个缺乏意志的人，理想、成功、名誉等总是离他很远，他无法获得披荆斩棘的快乐，无法领略站在高山之巅振臂高呼的王者气度。

对于一个意志坚强的人来说，世界上没有什么不可能的事情，意志就是力量。一个人拿定主意之后，会觉得格外清醒，走起路来也格外轻松，依照自己的意愿，办起事来自然格外顺手。

智者说，我们往往不是被困境打败，而是被自己打败。智者又说，坎坷，唯有身处其中，方能显示人坚强的意志和崇高的品德。也就是说，只要具备了坚强的意志、崇高的品德，就能走出坎坷。

人不可能始终一帆风顺，总会遇到坎坷，这很正常，不必惊恐。

在生命的长河中，有时你会陷入意料不到的沼泽里。这时，不要轻易地说自己什么都没有，只要抱着坚忍不拔的精神，努力地寻找，你终会战胜困难，走出沼泽。

有一位旅行者在独自穿过沙漠时迷失了方向，更为可怕的是他已吃完最后一块干粮，喝完最后一滴水，翻遍所有的衣袋，他只找到一个发黄的梨。

"哦，我还有一个梨。"他惊喜地喊道。他攥着那个梨，深一脚浅一脚地在大漠里寻找着出路。整整2个昼夜过去了，他仍未走出空旷的大漠，饥饿、干渴、疲惫却一起涌上来。望着茫茫无际的沙海，有好几次他都觉得自己快要支撑不住了。可是看一眼手里的梨，抿抿干裂的嘴唇，他陡然又添了些力量。

顶着炎炎烈日，他继续艰难地跋涉。已数不清摔了多少跟头了，只是每一次他都挣扎着爬起来，踉跄着一点儿点儿地往前挪，他心中不停地默念着："我还有一个梨，我还有一个梨……"

3天之后，他终于走出了大漠，那个他始终未曾咬过一口的梨，已干巴得不成样子了。他还宝贝似的捧在手中，久久地凝视着。

人与人之间最大的差别不是在于才华，而是在于意志力。由此我们可以清楚地看到，很多人之所以不成功，并不是运气差，只是因为他欠缺耐心。做任何事一旦半途而废，那前面的辛苦就白费了。唯有经得起风吹雨打及种种考验的人，才是最后的胜利者。因此，如果不到最后关头，绝不轻言放弃。在坚持不懈的努力中，人生境界才能得到升华。

相逢何必曾相识：开发你的人脉金矿

这是一个互动、交流的世界，生命中当有一个人走入另一个人的心灵时，另一个人也就不会感到寂寞了。人终究是社会性的动物，人的许多心理欲望只有通过人与人的交往才能够得到满足。良好的人际关系，对一个人的成功来说，其好处是不言而喻的：它不仅能给你带来工作上的成功与顺利，还能带给你安宁、愉快、轻松、友好的心理环境。一个人想要实现自己的人生价值，光靠自己的力量是不够的，成功更需要合作的精神。这也就需要人们去顺应人性的内心律动，让自己良好的个性与情商去波及和影响他人，让他们真正地与你同呼吸、共命运、心连心，这样你才可以充分地掌控自己的内心从而达成己愿。

走出自闭的泥潭

　　生活中有不少人有自我封闭的现象，但完全自我封闭的人其实并不多，许多人只是在某些领域内有这种倾向。自我封闭的人同其他人在行为上没有太大的不同，突出的表现就是有些缺乏自信，总认为别人比自己优秀，比自己出色，这样就显得自己很平庸。对外界的信息，自我封闭的人通常不愿主动地接纳和分析，认为那些与自己无关，但他们与持"事不关己，高高挂起"态度的人有很大的差异，往往认为自己没有能力来操纵外界的事物，即使自己努力接受外界信息，也不如人家。这种心理的认知可能从社会交往中逐渐扩展到工作单位和家庭生活中，长期这样，这些人就会感到有许多事情自己都不能够应付。应该说，造成自我封闭状态的原因，后天因素占着很大的比重，许多行为实际上是他们在现实的生活和工作中"习得"的。一方面，一个性格上怯懦、保守的人在生活中往往追求稳妥，没有勇气去主动承担一些责任与挑战，把自己局限于一个相对安逸和舒适的环境里，如此一来，这就为自我封闭状态提供了形式的温床；另一方面，社会生活中的"惰性"也有可能为自我封闭创造条件。随着社会的信息化，现代人在思想和行为上跟上时代的脚步是非常重要的，有的人可能迷恋过去那种安逸的生活，不主动接受外界的信息，随着时光的流逝，可能有一种"一步赶不上，步步赶不上"的感觉，久而久之，就有可能落入自我封闭的泥潭。那么，人们应该怎样摆脱自闭的心理呢？你可以采取以下的措施：

（1）脚踏实地，自信交往。不要将实践中的专业知识和人际交往的能力混为一谈，要多把注意力集中在现实生活中，要提高自信心，相信自己不仅在专业知识上，在社会生活和交往中也有相当的能力。

（2）适应环境，告别怯懦。有许多人在某些场合可能是环境的主宰，但在另一些场合只能与沉默的大多数人一样，是听众。任何一个人都要学会适应以上两种情境的任何一种。

（3）努力求知，主宰生活。建议大家培养自己旺盛的求知欲，跟上时代的节奏和脉搏。另外，还要学会适应千姿百态的社会生活，广交朋友，做生活的主宰。

（4）摒弃恐惧心理。对于一些人来说，与陌生人见面常会产生一些不自在的烦恼。实际上胆怯无关乎个性，而是以由于与人接触的经验不够，进而排斥他人的情形居多。一般而言，若能进行有意识地自我训练，累积与他人相处的经验，即使无法改变自己的个性，也不至于以与他人接触为苦。

一般人与陌生人见面时之所以会感到不安，原因之一就是觉得无话可说，找不出话题的约会，的确令人感到很尴尬，此种想法并不正确。

与陌生人见面的恐惧心态，与第一次尝试没吃过的食物有点儿相似，大多基于自我保护的心态，所以绝不愿多接触素不相识的人。如此一来，又怎能了解与人相交的乐趣呢？事实上，因相见而遭受严重挫伤的情形毕竟少之又少，若是因噎废食，让自己过着封闭的人生，岂非得不偿失？只要你经过多方的协助，必能摒弃害怕受伤的心理，尽力尝试与人交往，才会有好的开始。

沟通是一门高深的学问

在人际沟通中，为了取得更长远的发展，我们必须照顾别人的情绪，了解他们的想法，而如果再能够合理地利用他们的情绪，那么你的事业一定会更加顺利。

荀子说："登高而招，臂非加长也，而见者远；顺风而呼，声非加疾也，而闻者彰。……君子生非异也，善假于物也。"借助外力，可以让我们的事业如虎添翼，更上一层楼。在情绪的管理上，能够有效地控制自己的情绪是件很了不起的事情，但是如果再善于利用别人的情绪，那就更是高人一筹了。

《红楼梦》中的王熙凤升任荣国府的管家婆后，各方面的事务都管理得井井有条，在荣国府这个处处充满心机，钩心斗角的地方，她能够走得游刃有余，除了她雷厉风行的作风和灵活的头脑外，还有就是她善于利用别人情绪的才能。八面玲珑，见人说人话，见鬼说鬼话，照中国的老话就是"会来事儿"。

如果我们不照顾别人的情绪，在不合适的情绪段里说了或做了不合时宜的话和事，就很有可能弄巧成拙。但是，如果善于把握别人的情绪，那就不会再发生这样的错误了。有这样一则寓言故事：

一把坚实的大锁挂在铁门上，一根铁杆费了九牛二虎之力，还是无法将它撬开。钥匙来了，它瘦小的身子钻进锁孔，只轻轻一转，那大锁就"啪"地一声打开了。铁杆奇怪地问："为什么我费了这么大的力气就是打不开，而你却轻而易举地就把它打开了呢？"钥匙说："因为我最了解它的心。"

情由心生，了解他的心就是了解他的情绪，而对情绪的把握就是沟通中的一把金钥匙！

每个人都有自己的情绪低落期和高潮期，我们所要做的就是观察他人的情绪，从而做出相应的行动。在低落的情绪期间不要惹他人生气，不要去挑衅；在高潮的情绪期要尽量把握该如何引导别人的情绪，然后为己所用。

总之，沟通是一门很高深的学问。每个人都应该小心处理与身边的人、事、物的关系。只要你用心，是绝对可以办到的。沟通有15条原则，如果你把握得好，你也可以成为沟通的高手。

（1）把话讲出来。尤其要坦白地讲出你内心的感受、感情、痛苦、想法和期望，但绝对不是批评、责备、抱怨、攻击。

（2）互相尊重。只有给予对方以尊重才有沟通可言，若对方不尊重你，你也要适当地请求对方的尊重，否则很难沟通。

（3）不批评、不责备、不抱怨、不攻击、不说教。批评、责备、抱怨、攻击都是沟通的刽子手，除了会使事情恶化外，别无他用。

（4）绝不口出恶言。恶言伤人，就是所谓的"祸从口出"。

（5）情绪不好时不要沟通，尤其是不要做决定。情绪中的沟通经常无好话，既理不清，也讲不明；特别在坏情绪中，人很容易因冲动而丧失理性，如吵得不可开交的夫妻、反目成仇的父母子女、对峙已久的上司下属，尤其是不要在情绪不好时做出情绪性、冲动性的"决定"，这很容易让事情不可挽回，令人后悔不已。

（6）觉知。不只是沟通才需要觉知，一切都需要觉知的能力。如果自己说错了话、做错了事，而不想造成无可弥补的伤害，最好的办法是什么？"我错了"，这就是一种觉知。

（7）理性时沟通，不理性不要沟通。不理性只有争执的份，不会有好的结果，所以，这种沟通于事无补。

（8）不该说的话不要说。如果说了不该说的话，常要花费很大的代价来弥补，正是所谓的"一言既出，驷马难追""病从口入，祸从口出"，甚至可能造成终生的遗憾！所以沟通不能够信口雌黄、口无遮拦。但是完全不说话，也会使事情变得非常恶劣。

（9）说对不起。说对不起，不代表你真的犯了什么天大的错误或做了什么伤天害理的事，而是一种软化剂，使事情终有"转圈"的余地，甚至可以创造"天堂"。其实有时候你也许真的是大错特错，死不认错就是一件大错特错的事。

（10）承认我错了。承认我错了是沟通的消毒剂，可解冻、改善与转化沟通的问题。就一句"我错了"，勾销了多少人的新仇旧恨，化解掉多少年打不开的死结，让人豁然开朗。

（11）等待转机。如果没有转机，就要等待，着急只会适得其反。当然，不要以为空等待，成果就会从天而降，还是需要你自己去努力，但是努力并不一定会有结果；但如果不努力，你将什么都没有。

（12）耐心。做任何事情都需要耐心，有志者事竟成。

（13）爱。一切都是爱，"爱是最伟大的治疗师"。

（14）智慧。智慧使人充实，而且福至心灵。

（15）让奇迹发生。如果愿意互相认错，就是在替自己与家人创造天堂与奇迹，化不可能为可能。

人际关系需要精心经营。

人际关系是人生布局中最重要的一个环节，所以每一个人都要精心经营。成功在很大程度上取决于一个人拥有良好的人际关系。良好的人际关系能开拓你的视野，能让你随时了解周围所发生的事情，能提高你倾听和交流的能力，它对你事业的发展有重要的作用。现代心理学和社会学认为人际关系具有四大功能：

第一，形成互补。俗语说，一个篱笆三个桩，一个好汉三个帮。一个人即使是天才，也不可能样样精通。所以，他要完成自己的事业，就必须善于利用别人的智力、能力和才干。在一个人开拓自己的事业时，总要遇到自己力所不能及的困难，这时，良好的人际关系会为遇到困难的人扫清障碍，助他一臂之力。

第二，产生合力。平时人们常说的"人心齐，泰山移"就是这个道理。在现代社会，分工细化，竞争残酷，单凭一个人的力量根本无法取得事业上的任何成就，只有借助众人之力，才有可能创造辉煌的人生。而要获得众人的帮助，使之上下一心，攻克目标，那就必须学会搞好人际关系。

第三，联络感情。人是一种感情动物，需要与他人进行感情上的交流，需要获得友谊。在迈向成功的道路上，要想坚持到底，仅仅依靠信念的支撑是不够的，良好的人际关系会使人获得一种强大的力量和热情，在取得成功时得到分享和提醒，在遇到挫折时得到倾诉和鼓励，这必将有助于人们心理的平衡，从而有勇气迈向新的征程。

第四，交流信息。在现代社会中，掌握了信息就等于是把握住了成功的机会。一条珍贵的信息可以使人功成名就腰缠万贯，而信息闭塞也可能使人贻误战机，遗憾终生。广交朋友，善处关系，是一条十分有效的获取信息的途径，这样就能够在竞争中始终处于一种领先的地位，然后再取得事业上的成功。

一个人想要培养良好的人际关系，首先要认识尽可能多的人，并让别人认识他，没有一个成功人士是坐在家里一个人打拼出一番事业的。生活中的每一次重大变化都会涉及其他人，人的生活方向经常会因为别人的一个评语、一个建议、一个行动而改变。人际关系越好，认识的人越多，机会也越多。

概率论告诉人们，尝试的不同种类的事情越多，在正确时间做出正确事情的可能性就越大。人际关系同样适用这个定理。认识的人越多，交际越广泛，一个人在恰当时间遇上恰当的人的可能性越大，而这个人恰好拥有他所需要的资源并且愿意提供给他。这不是奇迹，更与运气无关。

对于渴望成功的人而言，在人际交往中，最糟糕的方法就是直截了当地从别人那里寻求直接的帮助或者合作，相反，要不断帮助别人，对每一个人说："有什么需要我帮忙的吗？"如果一个人帮助了别人，那个人也会希望以某种方式回报他，这样那个人才不会有亏欠感。不要试图在一开始的时候就要求高额的回报，而应该在帮助别人的过程中展示自己的能力，只有这样，机会才会为每个人敞开大门。在这方面，美国亿万富翁哈默是个非常好的例子。哈默素有"点石成金的万能商人"之称，他的事业起步与他和列宁的关系紧密联系在一起。

罗曼·罗兰说："智慧友爱，这是照亮我们黑夜的唯一的光亮。"生活于社会中的人们，不仅要和睦相处，还应该互相帮助、互相尊重、互相关心。你必须为你周围需要你的人贡献你诚挚的爱，学会用正当的方法来赢得一个人的心，那样你才能在人生的路上一路好走。

其实，交朋友有点儿像晒梅干。梅干起初也是新鲜的果子，经过一番时日的酝酿，才制成后来的美味。朋友自然也是由生到熟，在长时间的交往之中，各种不同的思想见解，经过交流和冲突，而融洽起来。两个拥有不同价值观、不同思想的人，要完全彼此理解配合默契，需要时间，时间是最好的考验。只有在面临变故的时候，能够共患难的人，我们才称之为朋友。

好的人际关系是通向成功的铺路石，优秀的人际网络都是双向的。如果你仅仅是个接受者，无论多么好的人际网络都会疏远你。广结善缘就是要主动地关注帮助他人，向别人伸出你援助的手，付出爱心，与之结为挚友。这样，别人才会在你求助或你遇到困境时，拉你一下，把你送上成功之路。

富有同理心是关键

同理心是情商的最重要构成要素。所谓同理心，就是懂得将心比心、换位思考，主动站在对方的角度审视自己的言行，在争取获得别人的理解之前先去理解别人。

与人的沟通少不了尊重、信任和共识三大要素。一个富有同理心的人更容易赢得他人的尊重和信任，也能够更好地去影响别人，从而打造一个良好的交际环境。所以说，无论是个人成功、管理卓越还是企业和谐，都离不开同理心。

在人际交往中，把自己摆在对方的位置上，设身处地地体验、理解他人的内心世界，注意形成彼此之间的共同感受，这是增进相互理解、促进相互接纳的一种有效方法。这也是建立基于自己情商上的影响力。

要想建立良好的人际关系，就要学会站在他人的立场上，从他人的角度考虑问题。可以在心里这么想"如果我是他，我会怎么办"，如此一来，你的所作所为都会在人际交往的过程中起到积极的作用。

在人际交往中，谁具有良好的心理素质和人格魅力，谁就会拥有良好的人脉资源，谁的人生就会更加精彩。至少，这是一个通向良好的人际关系的阶梯。现实生活中，我们可以随处体验到这一点。

人与人之间的关系没有固定的公式可循，只能以关心为出发点，为双方都留下空间，设想他们内心所想、所需的东西，他们能做的事，以及他们自己的生活。也就是说，人与人之间只有关心是不够的！还需要爱，爱是对于别人的处境感同身受。

有了同理心，我们将不再处处挑剔对方，抱怨、责怪、嘲笑、讥讽也将大大地减少；取而代之的是赞赏、鼓励、谅解、互相扶持。如此一来，人与人之间的相处，就会变得愉快且和谐。

其实要做到将心比心、设身处地并不是一件容易的事，真的要好好用心地去体会与实践才行。值得特别注意的是：同理心的过程是"将你心换我心"，把自己当作"当事人"，而不仅仅是站在对方的角度来看事情。

在生活中，完全理解别人是不可能的，因为我们总放不下自己，我们总想用自己的经验和眼光去评价别人。别人真的不知道该如何是好、真的需要别人的意见与建议吗？未必！我们要相信每个正常的人都有自救的能力，我们所要做的，只是在这个时候站在他身边陪伴着他，充分地理解他，进入他的内心世界。只要我们真正做到了开放内心，同理别人，珍爱自己，生活真的就可以变得快乐起来。

同理心（Empathy）又译作"移情""同感""共情"等，在与他人交流时体验到对方的内心世界的感受，并能对对方的感情做出恰当的反应。并且这种共情层次越高、感受越准确、越深入时，才能帮助人们更好地理解对方，进入对方心里，促进对方的自我理解和双方深入地沟通，自然就能建立起一种积极的人际关系和解决问题的智囊团，这还有助于发展人们的博爱、无私、利他、合作等优秀品质。

缺乏同理心的人身边往往没有真正的朋友，他们常常不能够接受别人的观点，却一定要求别人接受他们的观点。对这样的人，人们自然会"敬而远之"。

心理学家将同理心分为初级同理心和高级同理心。初级同理心的反应是能够理智地理解别人的行为，在与他人接触中不排斥也不强迫他人接受自己的观点；高级同理心则是指个体不仅可以站在他人的角度考虑问题，还能感受这个事件给他人带来的内心体验，使自己进入对方的内心世界；它所表达的是一种理解、接纳、平等、关爱与尊重。

一般来说，一个具有同理心的人对周围的一切事物都会产生一种关心和了解的心理趋向，当自己与他人在认识上出现分歧时，能够真诚地尊重对方，并且容忍这种差异；当自己与他人在行为上出现一些摩擦和不和谐因素时，能体谅对方，并分担由此而产生的各种负面效应。所以，富有同理心使人感受到这种力量在支撑着他，使他们感觉到无论说什么都会得到宽容和尊重，并由此而增强了自信心、看到了希望，从而获得愉悦的体验。

体察与关心他人的情绪

威尼斯著名的心理学家阿尔弗雷德·阿德勒曾经写过《生命对你的意义是什么》一书，书中说道："凡不关心别人的人，必会在有生之年遭受重大困难，并且大大伤害其他人。也就是这种人，导致了人类的种种错失。"你可能读过许多心理学著作，却不曾碰到过这么一段有意义的话。

良好沟通，使你的个性显示出独特性，且被他人认同，这表明你的个性已经波及他人，甚至有人为你的个性而改变自身。可以说，每个人的沟通关系中，都有想用自己的个性波及他人的念头。怎样让个性从内心发射出来，波及你愿意波及的人呢？其实我们可以从体察与关心别人的情绪做起，只有真正关心他人，才能赢得他人的注意、帮忙和合作，甚至最忙碌的重要人物也不例外。关心就是要做到让你的良好个性波及他人，影响他人。

以下方法可以使你受益匪浅：

（1）主动型沟通。主动和别人沟通，并不是一件容易的事，因为许多人是防守型的。主动出击，意味着要敞开自己的心扉，去一道道地撕开他人的防线。正因为主动出击并不容易，在沟通过程中，别人才更能感受到你的个性的优点，接受其波及。

（2）耐心地和他人沟通。耐心也属于自我控制的范畴。在倾听他人讲话时，受到刺激后，对耐心的考验显得非常严峻。失去耐心，就无法冷静地倾听和理解他人，彼此造成感情伤害和关系冷漠，就没有了沟通。耐心能够使你的个性逐渐地撤销他人沟通防线上的岗哨，从而让他人的内心据点接纳你。

（3）不可因情绪化地负气而中伤他人。不管沟通条件多么恶劣，都要控制自己。人们习惯于受到刺激就做出反击，形成不必要的对抗情绪。控制自己就是在受到刺激时，要用自己内心的宽容将它化解或缓和。情绪波动时，你很容易把坏脾气波及他人，使他人得出对你极为不利的结论。

（4）量力而行。在自己有能力控制的事情上，让个性波及他人，也就是让个性建立在自己的特长之上。如果给他人以此人不能量力而行的感觉，那就适得其反了。

（5）以事情为主。既然人们的沟通是为了便于合作，我们就应该把注意力集中在事情上。能不能以事情为主，这将考验你的个性的抗干扰能力。不赞同某人的行为时，应该设法让他也以事情为主，彼此尽力克服不必要的枝节。

（6）互相信任。信任就是诚意。经由信任产生的个性波及可达到最佳效果。信任在沟通中能激发出别人最好的一面。人在沮丧时，会作出对他人的消极判断，从而丧失信任感。信任不是轻信，信任有时会被出卖。但总的来说，只要信任的动机是纯正的，沟通就可以顺利进行。

（7）不要乱下评断。个性有缺陷的人，总是不能接受别人坦诚的批评，觉得伤了自己的面子，于是就大声反击和无礼轻视，甚至故意让批评者难堪。他人只好掩藏真心，让你一错再错。乱下评断，往往让人哑口无言，沟通也就戛然而止。

（8）让别人辨明真相。在日常沟通中，总有人有意或无意地伤害着别人，而且老在同一个问题上伤害别人。假如是你遭到了伤害，就应该告诉他，他已经在什么事上、为什么伤害了你，让别人辨明真相。只要你不以抱怨的指责去要求别人理解，别人自然会注意不再伤害你。

（9）共同承诺。这能够维持沟通关系继续走向完善。共同承诺使彼此知道对方正为自己效劳，从而使沟通因共同责任而被强化。

（10）感受对方个性的波及。当你想让个性波及他人时，他人亦在想把个性波及于你。当他人认为你已经了解了他时，他也会向你敞开心扉。

（11）看重他人的现状。既然你已经和这个人沟通过了，就要接受他的现状。任何轻视、评判、拒绝都将成为沟通的阻碍，更可怕的是把他和别人比较。

这一条也适用于处境比你差的人。记住，完全可能的是他人处境艰难仅仅是条件没你好，如果在相同条件下，别人可能比你干得更出色。

（12）做到公正。公正永远是人们拥有的一项优秀素质，在沟通中公正是必不可少的。他人感到你对他的公正态度时，是不会不认真对待的。沟通中的公正一般表现在说到做到，不轻易变动规则，不武断地敲定结果等态度上。

（13）求同存异。不要遇到意见分歧，就剑拔弩张，试图一鼓作气说服对方，把自己的意见固执地强加给对方。彼此要冷静下来，谈谈与意见相符的话题，这样就可以发现彼此之间的共同之处。

（14）邀请他人参与有意义的事。告诉他人，你有一个比较有意义的想法，希望得到他的参与。这样，当你诉说时，他人就不知不觉地参与其中，并且也让个性波及了他。

（15）情和理，双管齐下。一切在情理之中的事都是不言自明的。但生活中有许多事情，不是在情中，就是在理中，看起来总是不能调和二者。沟通之时，二者要分别对待，情和理双管齐下，让彼此沟通的目标和内容，既合情又合理。不要一味重情，彼此不分客观事实；也不要一味讲理，使沟通显得枯燥。

（16）从后果推导前因。也就是在沟通之中的每一项结果，如果双方都不满意，一定不要发生争执，推卸责任。彼此若能仔细推敲前因后果，将会从中受益。一旦找准病因，治起来就容易多了。

带着感恩的心去"打量"万物。

人生在世，浮浮沉沉几十载。从婴儿呱呱坠地，那一颗纯净无瑕的心到垂垂老矣那道不尽的、说不完的心酸往事，该会历经多少坎坷的心路历程；也有幸运儿一生风平浪静，锦衣玉食，令人羡慕。可是人生只不过是一个过程，你应该在这个过程中释放出感激的心。

也许上天并未给予你特别的青睐，既无显赫的家世，也无出众的才华得以平步青云，做出惊天地、泣鬼神的宏图伟业，只是无名小卒一个，像多数人一样，过着平凡的生活。但是你要学会感激上天，因为若不是如此，你便无法阅尽人世沧桑、人情冷暖，便不能在短短的人生中，体验到生活的酸甜苦辣、百般滋味，更不懂得用整个身心去品味和珍惜生活的每一天。

上天赐予你生命，让你经历这美妙的人生，于是你便怀着感恩的心情去迎接每一天的日出日落，于是一切的烦恼忧愁似云烟掠过，不在你心上留下一点儿深刻的印迹，只当作人生一种别样的体验，有的是一笑泯恩仇的豁达。

美丽的人生，怀着感恩的心情，平凡的你，载着希望的船儿，遨游于宇宙之间，只要认定自己的方向，坚持一颗善良而温柔的心灵，过着美丽的人生，单纯也好，痴迷也罢，人言又有何畏惧？若是白发苍苍，尘缘将尽的那刻来到，你依然只得一句"这美丽的人生啊！此生无悔！"

我们一定要有感恩的心态，感恩就是感激一切。感恩包括坎坷、困难和我们的敌人。事物不是孤立存在的，没有周围的一切就没有你的存在。生命的整体是相互依存的，每一样东西都依赖另一样东西。人自从有了自己的生命起，便沉浸在恩惠的海洋里。

挪威著名的剧作家亨利·易卜生把自己的对手瑞典剧作家斯特林堡的画像放在桌上，一边写作，一边看着画像，以此激励自己。易卜生说："他是我的死对头，但我不去伤害他，把他放在桌子上，让他看着我写作。"据说，易卜生在对立面目光的关注下，完成了《培尔·金特》《社会支柱》《玩偶之家》等世界戏剧文化中的经典之作。易卜生正是以感恩的心态来面对对手，才使他成就了辉煌之作。

具备感恩的心态，就要摒弃抱怨。传说，有个寺院的住持，在寺院里立下了一个特别的规矩：每到年底，寺里的和尚都要面对住持说

2个字。第一年年底，住持问新和尚心里最想说什么，新和尚说："床硬。"第二年年底，住持又问新和尚心里最想说什么，新和尚说："食劣。"第三年年底，新和尚没等住持提问，就说："告辞。"住持望着新和尚的背影自言自语地说："心中有魔，难成正果，可惜！可惜！"

住持说的"魔"，就是新和尚心里无尽的抱怨。这个新和尚只想着自己要什么，却从来没有想过别人给过他什么。像新和尚这样的人在现实生活中有很多，他们这也看不惯，那也不如意，好生怨气，好发牢骚，总觉得别人欠他的，社会欠他的，从来感觉不到别人和社会为他的生活所做的一切。这种人心里不会产生感恩。哲人说，世界上最大的悲剧和不幸就是一个人大言不惭地说："没人给过我任何东西。"

两名行走在沙漠中的旅人，已行走多日，在他们饥渴难忍的时候，碰见一个老人，老人给了他们每人半碗水。两个人面对同样的半碗水，一个人抱怨水太少，不足以消解他身体的饥渴，抱怨之下竟将半碗水泼掉了；另一个人也知道这半碗水不能完全解除身体的饥渴，但他却拥有一种发自心底的感恩，并且怀着这份浓烈的感恩之情，喝下了这半碗水。结果，前者因为拒绝这半碗水死在沙漠之中，后者因为喝了这半碗水，终于走出了沙漠。

这个故事告诉人们，对生活怀着一颗感恩之心的人，即使遇上了再大的灾难，也能熬过去。感恩者遇上祸，祸也能变成福，而那些常常抱怨生活的人，即使遇上了福，福也会变成祸。

总之，人有了感恩之心，人与人之间才会变得和谐、亲切，而这种感恩之心会使我们变得愉快和健康。

与人相处要有宽容之心

智慧艺术告诉我们，宽容就是一门做人的艺术，宽容精神是一切事物中最伟大的行为。宽容待人，就是在心理上接纳别人，理解别人的处世方法，尊重别人的处世原则。我们在接受别人的长处之时，也要接受别人的短处、缺点与错误，这样，我们才能真正地和平相处，社会才显得和谐。然而，宽容并不等于一味地退让、迁就，把自己的地位与做人标准都放弃了，那样，我们会对别人的错误一味地迁就，导致更大的错误发生，同时，我们也就失去了主宰自己的能力。这样的宽容是对别人和自己最不负责的表现，也是一种心理上的犯罪。

宽容是生活中的一门技巧，宽容一点儿，我们的生活或许会更加美好。拥有良好的人际沟通和亲和能力是每个人都梦寐以求的，良好的人际关系和亲和力会给你带来种种好处。它不仅能使你获得更多的友情，感受到人与人之间的关爱与温暖，还能使你获得更多的人际资源，让你获得意想不到的好前途和好机会。

宽容是人类文明的唯一考核标准。"宽以济猛，猛以济宽，宽猛相济""治国之道，在于猛宽得中"，古人以此作为治国之道，表明宽容在社会中所起的重要作用。宽容是诗，是一首人生的诗，对人生如诗般的气度。宽容的含义不仅限于人与人的理解与关爱，还是内心对于天地间一切生命产生的旷达与博爱。宽容，是自我思想品质的一种进步，也是自身修养、处世素质与处世方式的一种进步。

那么，我们应该怎样做到宽容呢？

学会宽容，第一是要理解宽容的价值。法国文豪雨果说："比海洋宽广的是天空，比天空宽广的是人的胸怀。"在生活中我们每个人都应该拥有宽广的胸怀。只有拥有宽广的胸怀，才有高的做人境界；有高的做人境界，才能干出一番大事业。宽容是我们自爱、自信的表现。拿得起，放得下，是一份从容，是力量的标志。当然，能真正做到宽容的，是那些心地善良、富有爱心、胸怀豁达、志趣高远的人，是那些有良好修养的人。而对那些心胸狭窄、鼠目寸光、唯利是图、唯我独尊的人谈宽容，便没多大作用。我们的人类社会，是一个文明社会，文明社会包括丰富的物资和和谐的人文环境，只要我们大家加强道德学习，加强人格修养，多一些理解，多一些宽容，建立和谐社会就不是一件难事。

第二要对别人宽容。我们在生活、工作中所出现的意见上的分歧、工作上的摩擦、利益分配上的不公、语言上的过激、礼节上的不周等，甚至是为一点儿鸡毛蒜皮的小事而闹得鸡犬不宁、大动干戈的也不鲜见。在这时，如果你不让我，我不让你，很容易引发家庭矛盾和同事的争斗。不能原谅自己或他人所出现的失误与差错，就会给自己和他人增加心理上的压力和影响今后的正常生活与工作，因此，我们需要学会宽容，"容人须学海，十分满尚纳百川"，懂得宽容待人的好处。在《菜根谭》一书中，有这样一句话："处世让一步为高，退步即进步的张本；待人宽一分是福，利人是利己的根基。"这就是说，为人处世之道，只有不怕吃亏，遇事时都要让人几步，才算是高明之举。人生需要宽恕，有道是"度尽劫波兄弟在，相逢一笑泯恩仇"，宽恕可以使你收获更多友谊，获得更多朋友，让自己的人生路越走越宽。正所谓：与人方便，与己方便。因为给人家的方便，同时也就是为日后自己之方便打下了基础。

第三要宽容自己。"人非圣贤，孰能无过。"人总会出现一些失误与差错的。只要能正视自己，正视自己的缺点或错误，并不断地去克服或纠正，使自己的德行符合规范，我们就不必对自己太苛刻、太自责。否则，就会给自己增加心理上的压力，影响今后的正常生活与工作。

总之，无论是对别人还是对自己，当可以宽容时，就多一些宽容吧，为了他人，为了自己，也为了社会。相信在更多的宽容中，我们的社会将会变得更加和谐与美好，我们的生活将会变得更加轻松与快乐。

塑造博爱的个性

爱是奉献，爱是付出，爱是给予。一个人只有爱自己，才有可能去爱别人。

真爱是要接纳并且鼓励别人。我们之中有许多人把自己当作最棒的情人，只因为我们爱别人的方式，正是我们自己渴望被爱的方式。无条件的爱应该永远以对方的需求为标准。

当我们以他人所需要的去帮助他人的时候，我们才真正付出了爱。这里的关键就是我们必须了解并接纳他人的真正需求，这将是多么重要的事。请记住：我们无法选择自己的性格，它是与生俱来的，而每一个人都在坚持不懈地去辨认、了解、接受我们自己，所以，对于我们的朋友、孩子和伴侣所能献上最珍贵的礼物，或许莫过于对他们的自我独特表达，给予真心的接纳称赞。我们也可以用耐心的对待来真正协助他们——当他们正在从事艰辛的个性塑造工程时。

任何有关接纳的说法，必然会牵涉到自我评价。一个人能够对自己做到多大程度的接纳和欣赏，会直接影响到他能够对别人做到多大程度的接纳和欣赏。对他人不健康的批判恰恰反映出一个人自身的匮乏，这一点或许可以从青少年身上得到最佳的体现。青春期的孩子是出了名的对同辈不留口德的，在那些日子里，我们都曾经口不择言地伤害过别人。

能够爱别人的人，一定能够先爱自己。能够爱自己，表示我们接纳并珍惜我们真正的自己，而且意味着我们会不断地自我完善。

当有人误会了或不信任我们的爱心时，我们还能够继续付出爱心，那是出于我们对自己的爱，因为我们知道自己的动机是纯洁的。尽管爱的付出对象可以选择，然而对方并不见得愿意接受这一份爱。当我们太渴望得到时，尽管我们也会表现得非常可爱，但动机却是自私的，因为我们其实希望能掌握对方的行为，甚至占有对方，尽管表面上看起来我们好像在做无条件的付出，暗地里却有别人必须接受的规范，才能使我们继续去"爱"他们。

一个趾高气扬的人和一个奴颜婢膝的人，其实都具有相同的苦衷——他们是充满不安全感的。他们的行为，有时候会披着爱的外衣，例如拍马屁者说希望自己能有和对方一样的聪明或者美貌或者财富。趾高气扬和奴颜婢膝都是因为具有不安全感，两者都不是真正的谦恭，唯有自尊才能够产生一种谦恭的情操，让我们无条件地付出爱心。

能够经常不断地从孩子、同事、部属和朋友的回馈中，找出我们的动机，这是一种自我成长的过程。只有满怀不安全感的人，才会畏惧听到像"我扮演的父母、同事或朋友的角色成不成功"的答案。自信的人，能够感激得到真相或任何更正误解的机会。

我们都十分珍惜能够接纳我们身上所有缺陷的朋友，因为他们能够十分地信任我们。我们也珍惜教会我们生存技巧和爱的艺术的父母、老师、朋友和孩子们。我们更怀念那些给我们提供无数机

　　会，让我们能够建立起坚强的性格基础，从儿童时代走向成年时代的人们。

　　在以上经历中，我们会感到既不自甘平庸却又心平气和。我们常常在寻找着进一步的生命挑战，来加强爱得深刻的能力。我们拥有一份智慧，但也不安于自己对生命的无知。最令我们感动的，是那些点醒我们要去爱或被爱的善良的人们。

设身处地地去倾听

每个人都有一个特定的成长环境，家庭环境和社会环境给你的自我意识打下了一个烙印，使你对人产生独特的看法。这些观点在你和其他人交往的时候，都会影响到对他人的评价。当你通过自己的世界观、人生观和价值观去评价他人时，就无法深入理解他人内心深处的感受。所以在洞察自我的基础上，在人际交往中，如果你能够放下自己固有的价值观标准，设身处地地倾听来自他人内心深处的声音，便会看到一个个与自己不同的全新的内心世界。在这样的过程中，你的自我意识就会扩张，对人的理解能力也在增强。一个能深入理解他人的人其人际亲和力自然就会增强了。

多年前，有一个荷兰籍的小男孩儿，在放学后替一家面包店擦窗，每星期赚 5 毛钱。他家里很穷，所以他经常提着篮子去水沟捡从煤车上掉下来的煤块。这个孩子名叫爱德华·巴克，一生没有受过 6 年以上的教育。可是后来他却成为美国新闻界最成功的杂志编辑之一。他是如何成功的呢？

他 13 岁离开学校，在一个"西联"机构里充任童役，每星期的工资是 6.25 元，但他从没有放弃接受教育的意念，而且自己开始着手教育自己。他安步当车，从不搭乘公交车，把午饭的钱也省了下来，将那些钱积聚起来后，买了一部美国名人传记，后来他做了一件人们闻所未闻的事。

爱德华·巴克把美国名人传记详细研读过后，就写信给传记上的每一位名人，请求他们多告诉他一点儿关于他们童年时候的情形。从巴克这个表现可以看出，他有一种善于静听的本领——他希望那些成名人物，谈谈他们自己。

他写信给当时正竞选总统的贾姆士将军，在信上问贾姆士，是否真的做过运河上拉船的童工。贾姆士接到那封信后，回给他一封详细的复函。巴克又写信给格雷将军，问他在那部名人传记上记述的有关一次战役的情形，格雷将军在回信中，画了一张详细的地图，还邀请这个14岁的小男孩儿吃饭，他们谈了一个晚上。

巴克写信给爱默生，希望爱默生说些有关他自己的事。这个原来在"西联"机构传信的童役，就这样和国内那些著名的人物通信，像郎菲洛、林肯夫人、爱默生、布罗斯、休曼将军和台维斯等。

他还利用放假的时间，去拜访他们其中的几位，而成为那些人家里所欢迎的客人。巴克的这种经验，使他形成了一种无价的自信心。这些男女名人，激发了他的理想和意志，改变了他以后的人生。所有这些都得益于巴克实践这一原则：设身处地地倾听来自他人内心深处的声音。

名记者马可逊曾经告诉人们："有些人不能给人留下好印象的原因，是不注意倾听别人谈话。这些人只关心自己下面要说什么，可是他们从不打开耳朵。"马可逊又说："有若干成名人物，曾这样跟我说……他们所喜欢的，不是善于谈话的人，而是那些静静听着的人。能养成善于静听能力的人，似乎要比任何好性格的人少见。"不只是大人物才喜欢善于静听的人，即便是普通的人也如此，都喜欢人家听他讲话。

正如心理学家所说的："很多人找医生——他们所要的，不过是个静听者。"

美国内战最黑暗的时候，林肯给伊利诺伊州春田镇的一位老朋友写了封信，请他来华盛顿，说是有些问题需要跟他讨论。这位老邻居到了白宫，林肯跟他说了数小时关于解放黑奴的问题——林肯把对这项行动是赞成或反对的理由都加以研讨，然后让他看了些信件和报上的文章，有的人谴责他不解决黑奴问题，有的人谴责他是怕他解放黑奴。这样谈了几小时后，林肯和这位邻居老朋友握手道别，送他回伊利诺伊州。

林肯并没有征求这位老朋友的意见，而他说出自己的这番话后，心里似乎舒畅多了。这位老朋友后来这样说："林肯跟我谈过这些话后，他的神情似乎舒适、畅快了不少。"是的，林肯所需要的是友谊、同情，是一个静听他讲话的人，借以发泄他心里的苦闷。每一个人在苦闷、困难的时候都有这样的需要！

所以说，如果你想要成为一个谈笑风生、受人欢迎的人，那么你需要静听别人的谈话。就像有人所说的："要使别人对你感兴趣，先要对别人感兴趣。"问别人喜欢回答的问题，鼓励他谈谈他自己和他的成就。

需要记住：跟你说话的人，对他自己来讲，他的需要、他的问题，比你的问题要重要上百倍。总之，你若想要别人喜欢你，一个重要原则是：设身处地地倾听来自他人内心深处的声音，鼓励别人多谈谈他们自己。

用真心赞美别人

威詹·姆斯说："人性深处最大的欲望，莫过于受到外界的认可与赞扬。"世间每个人都希望得到别人的赞美，赞美让人感到温暖，感到舒畅；赞美能让人产生力量，增加自信，赞美是心灵的催化剂，赞美甚至能延年益寿。

马克·吐温曾经说过："只凭一句赞美的话，我就可以多活两个月。"自私是赞美的天敌，在渴望得到别人赞美的同时，我们应该学会欣赏别人的优点，学会赞美别人。赞美别人是豁达容人的一种表现，既能给他人带来快乐，也能够拉近人与人之间的距离。

菲德尔费电气公司的约瑟夫·韦普先生，就用真心赞美别人的办法，使一个拒他于千里之外的老太太，非常乐意地与他合作了一笔大生意，顺利完成了推销用电的业务。

一日，韦普走到一家看似非常富有的农舍前叫门。当时户主布朗肯·布拉德老太太只将门打开一条小缝。当她得知是电气公司的推销员之后，就毫不客气地把门关闭了。韦普再次敲门，敲了许久，尽管大门开出了一条小缝，但他还没有开口说话，老太太就已经很生气地破口大骂了。

经过一番调查后，韦普又上门了，等门开了一条缝时，他赶紧声明："布拉德太太，非常抱歉，打扰您了，我的造访并不是为电气公司,而是要向您买一点儿鸡蛋。"老太太的态度这才变得温和,门也开得大多了。韦普接着说:"您家的鸡长得真好看,看它们的羽毛长得多美丽。这些鸡大概是某种名种吧!能不能卖一些鸡蛋给我呢?"门开得更大了,老太太问他:"您怎么知道是名种鸡呢?"韦普知道,投其所好之计已初见成效,于是就更加诚恳而恭敬地说:"我家也养了这种鸡,可像您所养的这么好的鸡,我可从来没见过呀!而且,我家的鸡,只会生白蛋。附近的邻居也都说您家的鸡蛋是这儿最好的。夫人,您知道,做蛋糕得用好鸡蛋。我太太今天要做蛋糕,我只能跑到您这里来……"老太太顿时眉开眼笑,很热情地让他进屋来。

韦普利用这短暂的时间观察了一下四周的环境,发现这里有整套的奶酪设备,断定男主人定是养乳牛的,于是继续说:"夫人,我敢打赌,您养鸡的钱一定比您先生养乳牛的钱赚得还要多。"老太太心花怒放,乐得几乎要跳起来,因为她丈夫长期没有承认这件事,而她则总想把"真相"告诉大家,可是没人愿意听。

布拉德太太马上把韦普当作知己,热情地带他参观鸡舍。韦普知道,他还得顺应她的心理讨她的欢心。就在参观时总是抓住时机地发出由衷的赞美。赞美声中,老太太毫无保留地传授了养鸡方面的经验,韦普先生毕恭毕敬地充当她的学生。他们变得非常亲密,几乎无话不谈。赞美声中,老太太也向韦普请教了用电的好处。韦普再抓住养鸡的情况需要详细地加以说明,老太太听得很认真。两星期后,韦普在公司收到了老太太的用电申请。不久,老太太所在的地方申请用电者源源不断。老太太已成为韦普先生的热心帮手。

　　韦普的"赞美话"之所以能收到这么好的效果,是因为他是怀着一份诚挚的心意及认真的态度去赞赏那位太太的。说奉承话要言为心声,就是要坦诚得体。如果有口无心,或是用轻率的说话态度,很容易被对方识破而产生不舒服的感觉。例如,你看到一位流着鼻涕而表情呆滞的孩子时,却对他的母亲说:"您的小孩看起来很聪明!"对方的感受会如何呢?本来是奉承话,却变成很大的讽刺,收到了相反的效果。若你说:"哦!你的小孩长得真高!"是不是要好些呢?

　　所以,奉承别人时要出于真心。这样,你所说的奉承话会超过一般奉承话的水平,成为真正夸赞别人的话,听在对方耳中,感受自然和一般奉承话不同。